非平稳地震信号重建与时频分析研究

陈颖频　著

西北工業大學出版社

西　安

【内容简介】 本书围绕地震信号重建和稀疏时频成像两个主题开展论述。一方面从地震信号梯度场的稀疏性角度出发,探讨基于广义全变分和交叠组稀疏的地震信号重建问题。另一方面,本书系统研究了地震信号时频分析的两类分支:双线性时频分析与线性时频分析。在双线性时频分析方面,本书引入分数阶傅里叶变换方法构建双线性时频分析的模糊域窗函数。在线性时频分析方面,本书提出稀疏时频成像模型,并引入凸优化理论,分别从一阶原始对偶方法、交替乘子迭代法、匹配追踪方法等角度求解本书提出的稀疏时频分析模型,并应用于地震信号谱分解中。

本书可作为信号与信息处理专业研究生科研参考用书,也可作为信息类相关本科生高年级的科研读本。

图书在版编目(CIP)数据

非平稳地震信号重建与时频分析研究 / 陈颖频著
.—西安:西北工业大学出版社,2019.12
ISBN 978-7-5612-6710-3

Ⅰ.①非… Ⅱ.①陈… Ⅲ.①地震勘探-地质数据处理-研究 Ⅳ.①P631.4

中国版本图书馆 CIP 数据核字(2020)第 002872 号

FEI PINGWEN DIZHEN XINHAO CHONGJIAN YU SHIPIN FENXI YANJIU

非平稳地震信号重建与时频分析研究

责任编辑: 张 潼 **策划编辑:** 付高明
责任校对: 胡莉巾 **装帧设计:** 李 飞
出版发行: 西北工业大学出版社
通信地址: 西安市友谊西路 127 号 **邮编:** 710072
电 话: (029)88491757,88493844
网 址: www.nwpup.com
印 刷 者: 西安日报社印务中心
开 本: 787 mm×1 092 mm 1/16
印 张: 6.875
字 数: 180 千字
版 次: 2019 年 12 月第 1 版 2019 年 12 月第 1 次印刷
定 价: 58.00 元

前　言

为了提高油气储层预测和流体识别精度，非平稳地震信号的时频域去噪方法和高精度时频分析研究日趋活跃。本书综述了国家自然科学基金项目“复杂地震信号分数域频谱成像理论及应用研究”（项目编号：41274127）的研究成果。以非平稳地震信号的分析和处理为研究课题，重点介绍了非平稳地震信号的去噪技术、基于分数阶傅里叶变换（Fractional Fourier Transform，FrFT）的高精度时频分析方法、基于稀疏正则约束的稀疏时频分析方法等。

本书主要内容如下：

第1章　绪论，介绍研究的背景、现状及研究的内容。

第2章　介绍非平稳信号时频分析方法和数据预处理方法。时频分析方法和数据预处理是分析非平稳信号的重要技术。由于非平稳信号源的复杂多变性，因此时频分析和数据预处理问题是非常有挑战性和活跃的研究话题。

第3章　提出一种基于交叠组稀疏的广义全变分去噪方法。该方法重点讨论基于交叠组稀疏的改进广义全变分方法。广义全变分模型是全变分模型的推广并被证明是能够有效去除全变分模型阶梯效应的方法，然而，该模型独立处理每个像素，忽略了图像的结构相似先验。因此，广义全变分模型对于大幅度噪声并不鲁棒。本章的研究目的是通过利用图像的结构相似性进一步提高广义全变分模型的去噪性能。通过引入交叠组稀疏到广义全变分模型，挖掘图像一阶和二阶领域差分梯度信息的结构相似性，从而达到提高广义全变分模型对重噪声污染的鲁棒性。为求解提出模型，使用了加速重启的交替乘子迭代法（Alternating Direction Method of Multipliers，ADMM），将复杂的多约束问题转为若干子问题。为避免空域大型矩阵的运算，将差分算子视为卷积形式，然后利用快速傅里叶变换和卷积定理求解提出模型。针对不同噪声的地震信号进行去噪实验，发现如下结论：①提出模型特别对平滑区域的重噪声有较好的去噪效果；②带重启的加速交替乘子迭代法算法能求解提出模型，比ADMM效率高；③组合块的大小需要合理选择，从而获得最佳的去噪性能。

第4章　提出一种基于分数阶傅里叶变换和贪婪策略的高精度时频分析方法。Wigner-Ville分布（Wigner-Ville Distribution，WVD）是一种在地震信号处理领域具有高分辨率的重要时频分析技术，然而它被大量交叉项干扰。为了在去除Wigner-Ville分布交叉项的同时保持其良好的聚集性，本书提出一种基于分数阶傅里叶变换和贪婪策略的多向自适应模糊域窗函数。首先从科恩（Cohen）类与Gabor变换的关系出发，并充分利用贪婪策略和分数阶傅里叶变换的旋转特性获得模糊域自适应多方向窗，把最优分数解 Gabor 变换的单方向、一维的最优窗函数推广为二维的、多向模糊域窗函数。通过这种方法，在处理多成分信号时，多向窗函数能准确匹配 Wigner-Ville 分布的交叉项。然后利用贪婪策略，提出方法能将最优方向以及其他子方向充分考虑，从而避免最优分数阶 Gabor 变换的局部聚集现象。

第 5 章　提出一种基于一阶原始对偶优化的稀疏时频分析方法。时频分析广泛应用于多种工程领域。但是传统时频分析方法存在分辨率低或者交叉项干扰。为解决上述问题，提出一种基于 L1 范数约束的稀疏时频分析方法，从而满足信号局部频谱的稀疏先验。首先阐述稀疏频谱与短时测量的关系，提出局部时间频谱反演模型。然后，利用一阶原始对偶方法求解提出模型。通过这种方法，使得重构的频谱变得稀疏。一方面，提出算法的聚集性在 L1 范数约束下变得稀疏，另一方面，由于提出方法基于短时傅里叶变换和凸优化技术，因此可以避免交叉项干扰。为了反映算法效果，本书分别对理论信号和实际地震信号进行实验并对比其他先进的时频分析方法。结果显示，提出方法相比于其他对比算法能获得更加准确的时频谱分布。

第 6 章　提出一种基于 Lp 伪范数和交替乘子迭代法的稀疏时频分析方法。该方法中，视短时截断数据为稀疏表示中的观测信号，并设计了一种字典矩阵，建立起短时测量和稀疏频谱之间的关系。基于这种关系和 Lp 伪范数描述的稀疏约束，稀疏时频表示模型得以建立，然后利用交替乘子迭代法求解提出模型。通过若干合成信号、一道实际地震信号和一组含有天然气的地震剖面进行实验。这些实例都显示提出的方法相比于一些先进的时频分析方法能够获得更高分辨率的时频图。因此提出的方法对于地震勘探具有重要意义。

第 7 章　提出一种基于匹配追踪算法的稀疏时频分析方法。基于匹配追踪方法的稀疏时频表示有效避免了短时傅里叶变换的低分辨率问题，保持了局部信号的稀疏频谱先验。实验表明，提出方法能获得高分辨率时频谱，相比一些先进的时频分析方法更具有竞争优势，这对地震信号谱分解具有重要意义。

著　者

2019 年 12 月

目　录

第1章　绪　　论

石油和天然气是重要和稀缺的资源。由于地震波在各向异性地下介质中传播，导致采集到的地震信号体现为时变、非平稳信号，因此，基于时频分析的非平稳数据处理技术受到地球物理学家和物探解释人员的日益关注，已经成为油气勘探的重要手段之一。本课题着眼于提高时频分析技术的精度达到油气精确勘探的效果。

1.1　研究背景及意义

油气资源是关乎国计民生的重要资源，是地震勘探技术的主要目的，由于资源的稀缺性和较高的开采成本，因此人们对油气矿藏预测的精准度要求日益提高。地震勘探一般都要经历资料的观测和采集、资料处理和资料分析解释三个环节，其中，资料处理是地震勘探的重要环节，其实质可以归结为对采集资料进行信号处理。本课题采用现代信号处理技术新方法，提高储层预测精度和效率。本课题的必要性和意义主要体现在以下几方面。

(1)地震资料流体识别是油气精细勘探开发的必然要求。随着地震资料采集、处理、解释技术的快速发展，其在油气识别和勘探中发挥了重要的作用。有效的储层预测实质上可以归纳为流体预测和识别技术。利用地震资料进行流体识别已经成为精细地震勘探的重要手段。

(2)地震资料流体识别目前还是一个亟待解决的难题。尽管国内外在流体识别技术研究方面取得了很大的进展，但是地震资料本身和流体之间复杂的非线性映射关系，导致流体识别常常具有多解性，因此流体识别仍然具有相当大的难度。主要难度体现在：

1)储层流体识别涉及岩石物理理论与实验、波动理论、模式识别理论等，是一个多学科交叉技术。而目前开展这项工作的理论基础还停留在20世纪50年代提出来的Gassmann方程[1]，因此，流体识别相关理论不完善。

2)流体识别相关实验条件受到一定限制，这给实验室的岩石物理参数测定和地震正演模拟造成一定的困难。

3) 流体识别方法常常出现多解性。在地震勘探技术中，各种勘探方法往往存在多解性，利用各种属性对油气储层进行识别常常出现误判，如反演技术往往需要初始模型作为约束，不同的模型会导致迭代结果有所不同。

4)地震资料的采集存在各种误差和噪声影响。震源激发后会产生各种各样的地震波，地震波在地下传播，由于受到岩石复杂结构和油气黏弹等影响，造成地震资料的噪声影响。地震资料主要受到瑞利(Rayleigh)波、斯通利(Stoneley)波、勒夫(Love)波、折射波、声波、侧面波、全程多次波、短程多次波、微屈多次波、虚反射、管(Tube)波以及工频噪声干扰等噪声的影响，不利于流体的精确识别。另外，由于地震波在地下各向异性介质中的传播速度不同，也导致无法精确判断地震波的移动速度，在对原始采集数据进行动校正和静校正过程中也将产生相应的校正误差噪声。因此,利用地震资料进行储层预测还需要不断摸索新方法、新技术。

(3)时频分析技术作为流体识别的重要技术之一,其研究价值体现在,地震波在不同介质传播过程中,所产生的吸收和衰减效应是不同的,地震波传播经过油气等烃类流体后,地震波反射系数加大,高频吸收衰减显著。利用这一重要特征,可以进行油气识别。在各类地震属性判断中,频率属性往往是指示油气层特征的重要属性之一,而这种属性就有赖于时频分析技术。该技术将地震信号的局部时间频谱特征清晰地反映在时频平面,因此,时频分析技术已经成为油气识别的核心技术之一。

(4)传统时频分析方法具有一定的局限性。传统的线性时频分析受到海森伯格测不准原理的约束,导致时间分辨率和频率分辨率无法同时得到提高,而二次时频分析分布又受到交叉项的严重干扰。因此,传统时频分析技术无法满足高精度油气识别要求。

(5)新兴信号处理技术可用于提高传统时频分析精度。信号处理领域不断出现新理论、新方法,这为提高传统时频分析分辨率奠定了坚实的理论基础,如分数阶傅里叶变换将信号在时频面上进行旋转,这将为线性时频分析打破海森伯格测不准定理约束带来可能。新兴的稀疏表示理论也为时频稀疏表示奠定了很好的理论基础。现代谱估计技术的发展也为时频分析技术提供了较大的研究空间。

综上所述,油气识别是关乎国计民生的重要课题,由于其难度较大且不少传统方法依赖于各类参数设置,因而导致油气识别出现多解性。地震信号作为典型的非平稳信号,具有时变的复杂频率分布,而时频分析技术正是一种重要的非平稳信号处理技术,利用谱分解技术则可以较好地捕捉地震波在油气中的高频衰减特征,因此,基于时频分析技术的油气识别方法显得尤其重要,也成为地震勘探领域的学者和工程师日益重视的特色解释技术。然而,传统的时频分析方法存在分辨率不高、交叉项干扰等问题,严重制约了该技术在地震勘探中的应用。新兴的信号处理技术也为提高时频分析精度、去除交叉项干扰带来可能。因此,以时频分析技术为核心的频谱成像技术将极大促进地震勘探技术和油气工业的发展。

1.2 国内外研究现状和发展态势

1.2.1 流体识别方法概述

目前利用地震资料进行油气流体识别的研究主要有如下几种方法[2]。

(1)基于 Gassmann 方程的识别技术。这种技术以测井数据和岩体物理模型为依据,研究储层含流体性质的差异,建立前期的流体模型,为后续区域流体划分提供实验模型[2]。

(2)谱分解技术。利用储层含流体时地震频率变化的差异,主要方法有短时傅里叶变换、连续小波变换、S 变换(S Transform,ST)、Wigner-Ville 分布等。

(3)基于地震波场正演模拟[2-3]的敏感流体因子提取技术。

(4)利用叠前和叠后反演物理参数的油气流体识别方法[2]。

(5)基于全波形反演技术[4]的流体识别方法。

本课题重点研究非平稳地震信号预处理技术以及各类高精度时频分析技术,并将这些新方法应用到谱分解技术中，最终达到储层流体识别的目的。综上所述，将传统时频分析技术和新兴的现代信号处理技术结合，提出新的时频分析方法，并将这些新方法应用到复杂地震信号的油气储层预测中，具有一定的理论创新和实践价值。

1.2.2 非平稳地震信号预处理技术

噪声是地震信号处理中不希望出现的部分[5-6]，因此，去噪是非平稳地震信号的重要预处理技术。噪声去除一直是信号处理领域极具挑战性的研究方向[5]。由于稀疏表示能较好地刻画数据的某些先验信息，因此近年来稀疏正则化方法成为地震信号预处理领域的热点研究方向[5]。

地震信号是一种复杂的非平稳信号。地震波在复杂的地下介质传输过程中，不可避免地会受到各种噪声的污染，为了更好地估计地下介质分布，有必要对噪声进行预处理，从而为后续的地震波阻抗反演、全波形反演、谱分解分析和解释等操作提供更可靠的数据。因此，去噪技术是非平稳地震信号预处理技术中非常重要的一个步骤。而地震信号的干扰源较为复杂(比如工业电源干扰和热辐射干扰等)，往往无法用某种单一的噪声类型来模拟地震信号中的噪声信号。本书将从非平稳信号去噪建模以及去噪评价指标[7]等多个方面综合讨论地震信号处理领域的去噪问题，为后续的时频分析做好铺垫。

1.2.3 地震信号时频分析常见方法

时频分析技术是非平稳信号处理领域重要的研究方法，尤其是地震信号处理中不可缺少的重要手段[7-8]。众所周知，存在于大自然的各类信号多为非平稳信号。要获取信号精确的瞬时频率，就需要根据信号本身的各种特征，自适应地调整时频分析过程中的各种参数。本节将重点回顾各类时频分析理论，并对各类时频分析方法的优缺点进行详细总结，调研这个领域的研究现状、存在问题、研究热点与难点。

由于傅里叶变换的数学性质和明确的物理意义，以及快速傅里叶变换算法(Fast Fourier Transform，FFT)的广泛应用[9-11]，因此FT已经成为信号处理领域强有力的分析工具。众所周知，由于传统的FT将信号从整体上分解成为不同的频率成分，缺少局域定时信息，不能获取局部时间上的频率分布情况，而局部时间上的频率分布情况对非平稳信号的分析和处理很重要，因此，基于一维函数分析方法的FT不能满足非平稳信号处理的要求，需要采用以时间和频率为自变量的二维函数，该函数可以刻画局部时间的频率分布情况，通常称这样的分析手段为时频分析技术。通过上述讨论可以得出一个结论，时频分析技术是非平稳信号处理的重要手段之一。为了解决上述问题，Gabor于1946年提出了Gabor变换方法[12]，Gabor变换本质上就是短时傅里叶变换(Short Time Fourier Transform，STFT)。Gabor变换通过滑动窗函数截取信号的局部频谱信息。Ville于1948年提出著名的Wigner-Ville分布(WVD)[13]。在此基础上，人们提出多种改进WVD的方法，Cohen(1966)将这些方法统一成Cohen类分布[14]。时频分析在地震信号处理、生物医学信号、语音识别、雷达信号处理、图像处理、声纳信号处理、信号重构、机械信号处理、扩频通信等领域有广泛的应用。将时频分析理论应用到各类信号处理中，有助于各类物理现象的解释，进而相互促进，相互发展[15]。

常见的时频分析技术主要分为五大类，它们分别是线性时频分析方法、双线性时频分析技术、基于经验模态分解的希尔伯特-黄变换(Hilbert-Huang Transform,HHT)及其改进算法、稀疏时频分析技术、高阶时频分布。下面对每一种时频分析方法分类综述。

(1)线性时频分析方法，如短时傅里叶变换[16]，连续小波变换(Continuous Wavelet Transform,CWT)[17]，S变换(S Transform,ST)[18]，Chirplet变换[19]等。线性时频分析始于1946年提出的Gabor变换，Gabor变换[12]是一种利用高斯窗函数逐段截取信号，然后做傅里叶变换的方法，由于在高频段和低频段有相同的分辨率，因此其不能自适应地随着信号频率变化而变化。有鉴于此，Morlet提出连续小波变换[20]，该变换在低频段有较好的频率分辨率，高频段有较好的时间分辨率。Stockwell将小波变换和Gabor变换相结合，提出S变换[18]，后来延伸出广义S变换(Generalized S Transform,GST)[21-22]，压缩小波方法(Synchrosqueezed Wavelet Transform,SSWT)[23]，压缩短时傅里叶变换(Synchrosqueezed STFT,SST)[24]等。线性时频变换有个重要特点，那就是对时域信号加窗截断得到局部信号，从而获得其局部时域信息。线性时频分析方法受到海森伯格测不准原理的约束，时频聚集性受到一定的限制[25-27]。线性时频分析方法实现容易，但是时频聚集性较差。SSWT和SST的出现弥补了这一不足。

(2)双线性时频分布，也称为时频能量密度，典型代表有WVD和Cohen类。以Cohen类(WVD可视为Cohen类的特例)分布为代表的二次时频分布相比线性时频分析方法有更高的时频聚集性[26]。然而，由于Cohen类时频分布不可避免地要受到交叉项的影响，其在工程应用上有一定局限性：一方面，Cohen类时频分布要尽可能保留Wigner-Ville分布良好的时频聚集性，就需要尽可能保护信号的自项，然而这就使交叉项被一起保留，从而出现工程上极不愿意看到的虚假频率；另一方面，在抑制交叉项的同时又会抑制信号的自项，从而使得时频谱聚集性受到影响。人们在长期研究Cohen类时频分布的过程中提出大量解决方案[28-29]，在模糊域上设计各类窗函数，如以指数衰减核为模糊域窗函数的Choi-Williams分布，以模糊域的低通滤波窗为基础的平滑伪Wigner-Ville分布等[27]。纵观以上分布法，它们都有一个致命的弱点——无法根据信号的模糊域分布特点自适应地改变窗函数形状，以至于这类分布仅仅对特定信号效果较好。

从上文讨论可以看到，保护自项并抑制交叉项是Cohen类分布研究的主题。随着人们对Cohen类分布的进一步研究，Jonse和Baraniuk从信号模糊函数的分布特点出发，提出一种自适应最优核(Adaptive Optimal Kernel,AOK)设计方法[30-31]，实现了模糊域窗函数的自适应设计。AOK算法本质上是一个最优化问题，采取梯度上升法的迭代方式求解最优核函数。值得指出的是，利用梯度上升解决优化问题很可能陷入局部极值[32]。前面讨论的两大类时频分析是工程上非常重要的方法，也是后面几类时频分析方法的基础。由于受到海森伯格测不准原理的限制，加窗后的线性和非线性时频分析方法在时频聚集性上受到一定影响，为此，人们提出压缩方法和重排方法提高时频分辨率[33-34]。值得指出的是，相比于线性时频分析，双线性时频分析还存在混叠问题[35]，采样频率需要超过最大频率的4倍，否则频谱将产生混叠，可以通过时域插值来解决混叠问题。

(3)第三类时频分析方法是以经验模态分解(Empirical Mode Decomposition,EMD)[36]为基础的HHT及其改进方法，这类方法一般包括两步：第一步，经验模态分解；第二步，Hilbert变换。其中关键步骤为经验模态分解。EMD方法假设任何信号由不同的内禀模态函数

(Intrinsic Mode Function,IMF)组成,每个 IMF 都具有相同数量的极值点和零交叉点,在相邻的两个零相交点之间只有一个极值点,且上下包络的平均值为0。基于分解的 Hilbert 变换是非常有必要的:首先,瞬时频率并不适合非平稳信号分析,因为信号中存在多个成分时,瞬时频率无法刻画每一个成分的频率分布情况,而经过 EMD 分解后,则每个 IMF 的瞬时频率就有了物理意义。其次,如果不进行信号分解,对多组分信号进行瞬时频率估计可能会得到虚假频率[37]。EMD 方法的优点:①容易实现且无需参数设置;②对数据是自适应分解的;③既能处理非平稳信号又能处理非线性信号。当然,EMD 方法也有自身的缺点:①缺少严格的数学理论;②依赖于极值点查找、极值点间插值、停止准则等算法;③IMF 是递归产生的,缺乏后向误差校正;④易受到噪声影响;⑤虚假频率和模态混叠问题。目前,HHT 已经广泛应用于各种非平稳信号处理领域。但是这种方法目前还在发展研究阶段,尚未建立严密的理论体系,并且存在一些问题,如边界效应问题、模态混淆问题、过包络问题、欠包络问题等[38]。在 EMD 方法中,若信号存在极值点分布不均匀的现象,则会出现模态混叠情况。为此,Wu 和 Huang 提出集总经验模态分解(Ensemble EMD,EEMD),Yeh 在 Wu 和 Huang 的工作上进一步提出互补 EEMD,提高运算效率[39]。Alkishriwo 等研究了一种 Chirp 本征模态分解方法[40]。

(4)第四类时频分析方法为稀疏时频分析方法。稀疏时频表示建立在过完备字典基础上,利用稀疏表示技术获得时频域上稀疏的结构。例如匹配追踪算法(Matching Pursuit,MP)[41-42],它是一种反复迭代寻求最佳匹配的贪婪算法。MP 算法难以构造充分匹配信号局部结构的时频原子集,并且运算效率低,通常会与前面提到的两类时频分析结合实用。随着人们对时频分析技术的认识不断提高,不少学者开始关注如何构建好的稀疏表示字典,例如 Bultan 提出的四参数 Chirplet 分解[43],又例如 Lu 等利用分数阶傅里叶变换进行 Chirplet 信号分解[44]。综上所述,好的字典可以更好地稀疏重构信号并在时频域获得更加稀疏的表示。压缩感知技术的日益成熟为稀疏时频表示奠定非常深厚的理论基础,例如Stanković利用压缩感知理论对时频域交叠的信号进行稀疏分离,以 STFT 作为观测向量,构建过完备字典,重构频域稀疏信号,以此达到信号去噪的目的[45]。从Stanković的工作可以看到,稀疏时频分析往往需要先找到一种等式关系,然后寻找某个域下的稀疏约束(通常都是频域下的稀疏约束),构建出稀疏表示模型,从而将稀疏表示理论应用到时频分析技术中。Wang 等除了进行频域 L1 范数正则化约束,还增加了信号全变差正则化项,然后提出一种基于快速迭代收缩阈值化算法(Fast Iterative Shrinkage - Thresholding Algorithm,FISTA)[46-47]的稀疏频谱重构方法[48]。Jokanovic 等于 2015 年在 *IEEE Transactions on Signal Processing* 上发表了一篇关于对压缩测量向量重构稀疏时频分析的论文,重点讨论如何减少交叉项对时频分布的干扰[49]。目前,稀疏时频分析研究是时频分析领域的热点。

(5)第五类时频分析方法为高阶时频分布,具体包括多项式 Wigner-Ville 分布[50-52]、Wigner 高阶谱[53](如双谱、三谱)、由伪 Wigner-Ville 衍生出来的 S 法和 L 类时频分布[54-56]、复数域时频分布[57](Complex Time Distribution,CTD)、广义复数域时频分析(Generalization of Complex-lag Distribution,GCD)[58]等。这类时频分析具有比 Wigner-Ville 分布更小的扩散因子(Spread Factor,SF),值得注意的是,交叉项依然存在于高阶时频分布中。

Boashash 总结了各类时频分析的五种主要评价指标[8],例如时频香农熵(Time Frequency Shannon Entropy,TFSE),时频 Renyi 熵(Time Frequency Renyi Entropy,TFRE),时频归一化 Renyi 熵(Time Frequency Normalized Renyi Entropy,TFNRE),比率范

数(Ratio of Norms,RN),聚集性测量(Concentration Measure,CM)等。在时频分析领域,线性调频信号(Linear Frequency Modulated,LFM)是检验时频分布的时频聚集性能优劣的重要理论测试模型[59]。

本节详细综述了目前国内外学者提出的五大类时频分析技术,并分析各种时频分析技术优缺点和研究发展脉络。表1-1将五类时频分析技术中较为典型的方法进行总结和对比。

表1-1 各类时频分析方法对比

类型	方法	基本公式	备注
线性时频分析方法	STFT	$\mathrm{STFT}(t,f)=\int_{-\infty}^{\infty}x(\tau)h^{*}(\tau-t)\mathrm{e}^{-\mathrm{j}2\pi f\tau}\mathrm{d}\tau$	窗函数 $h(t)$ 控制分辨率,上标"*"表示共轭
	CWT	$\mathrm{WT}(\sigma,t)=\frac{1}{\sqrt{\sigma}}\int_{-\infty}^{\infty}x(\tau)\varphi\left(\frac{\tau-t}{\sigma}\right)\mathrm{d}\tau$	$\frac{1}{\sqrt{\sigma}}\varphi\left(\frac{\tau-t}{\sigma}\right)$ 表示小波函数,其中 σ 表示尺度
	ST	$\mathrm{S}(t,f)=\int_{-\infty}^{\infty}\frac{\lvert f\rvert}{\sqrt{2\pi}}x(\tau)\mathrm{e}^{-\frac{(\tau-t)^{2}f^{2}}{2}}\mathrm{e}^{-\mathrm{j}2\pi f\tau}\mathrm{d}\tau$	$\lvert f\rvert$ 用于控制窗的尺度
	GST	$\mathrm{GST}(t,f)=\int_{-\infty}^{\infty}\frac{\lambda\lvert f\rvert^{p}}{\sqrt{2\pi}}x(\tau)\mathrm{e}^{-\frac{(\tau-t)^{2}f^{2p}\lambda^{2}}{2}}\mathrm{e}^{-\mathrm{j}2\pi f\tau}\mathrm{d}\tau$	λ,p 控制窗函数随频率变化的形态
	SST	$\hat{\omega}(t,f)=\frac{1}{2\pi}\frac{\partial}{\partial t}\arg[\mathrm{STFT}(t,f)]$ $\mathrm{SST}(t,f)=\frac{1}{h(0)}\int_{\lvert\mathrm{STFT}(t,f)\rvert>\gamma}\mathrm{STFT}(t,f)\frac{1}{\delta}\rho\left[\frac{\omega-\hat{\omega}(t,f)}{\delta}\right]\mathrm{d}f$	δ,γ 分别表示精度和阈值,$\rho(g)$ 表示满足Dirichlet收敛条件的任意函数
双线性时频分布	Cohen分布	$\mathrm{CD}(t,f)=\int_{-\infty}^{\infty}\int_{-\infty}^{\infty}A_{x}(\theta,\tau)\Phi(\theta,\tau)\mathrm{e}^{-\mathrm{j}(\theta t+2\pi f\tau)}\mathrm{d}\tau\mathrm{d}\theta,$ $A_{x}(\theta,\tau)=\int_{-\infty}^{\infty}x(t+\tau/2)x^{*}(t-\tau/2)\mathrm{e}^{\mathrm{j}\theta t}\mathrm{d}t,$	$A_{x}(\theta,\tau)$ 表示信号的模糊函数,$\Phi(\theta,\tau)$ 表示模糊域窗函数
经验模态分解	HHT	$x(t)=\sum_{i=1}^{n}\mathrm{IMF}_{i}(t)+r_{n}(t)=\mathrm{Re}[\sum_{i=1}^{n}a_{j}(t)\mathrm{e}^{\mathrm{j}2\pi\int_{-\infty}^{\infty}f_{i}(t)\mathrm{d}t}]$ $H(t,f)=\sum_{i=1}^{n}a_{j}(t)\mathrm{e}^{\mathrm{j}2\pi\int_{-\infty}^{\infty}f_{i}(t)\mathrm{d}t}$	$r_{n}(t)$ 表示残差,Re(g)为取实部算子,$f_{i}(t)$ 表示瞬时频率
稀疏时频分析	MP	$s(t)=\sum_{i=1}^{n}a_{i}(t)+r_{n}(t)$ $\mathrm{TFD}_{s}(t,f)=\sum_{i=1}^{n}\mathrm{WVD}_{a_{i}(t)}(t,f)$	$r_{n}(t)$ 表示第 n 次迭代后残差;$a_{i}(t)$ 表示第 i 个分离成分
高阶时频分布	Wigner高阶谱	$w_{kx}(t,w_{1},w_{2},\cdots,w_{k})=$ $\int_{w_{1}}\int_{w_{2}}\cdots\int_{w_{k}}\int_{\theta}AF_{kx}(\tau_{1},\tau_{2},\cdots,\tau_{k},\theta)\times$ $\varphi(\tau_{1},\tau_{2},\cdots,\tau_{k},\theta)\times\mathrm{e}^{-\mathrm{j}(\sum_{i=1}^{k}w_{i}\tau_{i}+t\theta)}\mathrm{d}\theta\mathrm{d}\tau_{1}\mathrm{d}\tau_{2}\cdots\mathrm{d}\tau_{k}$	AF_{kx} 表示信号的 k 阶模糊函数,φ 表示模糊域窗函数

在地震信号处理领域，由于时频分析理论能反映局部时间的频谱分布信息，因而受到国内外地球物理领域学者的广泛关注。小波变换作为一种时间-尺度变换，首先被 Morlet 和 Grossman 提出[20]，由于小波能捕捉信号的局部特征，因而很快就被应用于地震信号处理，Chakraborty 等人将小波变换用于地震信号时频分解[60]。Partyka 等人利用谱分解技术研究薄层厚度变化，这标志着时频分析正式进入地震信号处理分析应用中[61]。Wang 等利用匹配追踪算法进行地震信号谱分解分析，并用于储层低频伴影的分析[41]。Steeghs 和 Drijkoningen 将双线性时频分布用于地震频率属性提取[62]。Wu 利用时频重排技术优化了平滑伪 Wigner-Ville 分布，并用于地震信号谱分解[63]，时频重排技术考虑到时频谱的相位信息，对提高时频定位能力起到非常好的效果[64,65]。Han 等人将经验模态分解用于处理地震信号瞬时频率分析[66]。Herrera 等人将同步压缩小波变换用于地震信号谱分解中[67]。综上所述，时频分析是地震信号非平稳分析方法的重要研究方向。

1.3 本书主要研究内容及技术路线

根据前文综述，本书将在地震信号的随机噪声去除与高精度时频分析两个方面进行深入研究。具体的研究和提出的新方法包括：

(1)基于广义全变分和交叠组稀疏的非平稳信号去噪方法研究，将新兴的交叠组稀疏收缩引入广义全变分，提高平滑区域和边缘区域的差异性，从而达到提高去噪鲁棒性的效果；

(2)基于分数阶傅里叶变换和贪婪策略的自适应多窗 Cohen 类，将分数阶傅里叶变换的旋转性引入 Cohen 类，并结合贪婪策略，提出一种自适应多窗 Cohen 类方法；

(3)基于一阶原始对偶方法的稀疏时频重构理论研究，提出一种稀疏时频反演模型，并利用一阶原始对偶方法对模型加以求解；

(4)基于 Lp 伪范数和交替乘子迭代法的稀疏时频重构理论研究，在稀疏时频反演模型基础上增加基于 Lp 伪范数的稀疏约束，增加算法自由度，提高算法的抗干扰能力；

(5)基于匹配追踪算法的局部稀疏频谱反演技术研究，利用匹配追踪方法对提出的稀疏时频反演模型加以求解，技术路线详见图 1-1。

1.4 本书结构安排

全书包括 7 章，结合全变分理论、分数阶傅里叶变换、凸优化理论等信号处理方法，提出了基于交叠组稀疏的广义全变分去噪理论，并将其应用于地震信号预处理；提出了基于分数阶傅里叶变换的多方向窗 Cohen 类时频分析方法；提出了基于一阶原始对偶方法的稀疏时频分析方法；提出了基于 Lp 伪范数的稀疏时频分析方法；提出了基于匹配追踪理论的稀疏时频分析方法。全书主要结构安排如下：

第 1 章是本书的绪论，主要介绍课题的研究背景及意义，并分析了课题相关的国内外研究现状，然后介绍本书的主要研究内容、技术路线以及全书结构安排等。

第 2 章重点综述各类时频分析方法的基础知识和用于数据预处理的稀疏正则化方法。

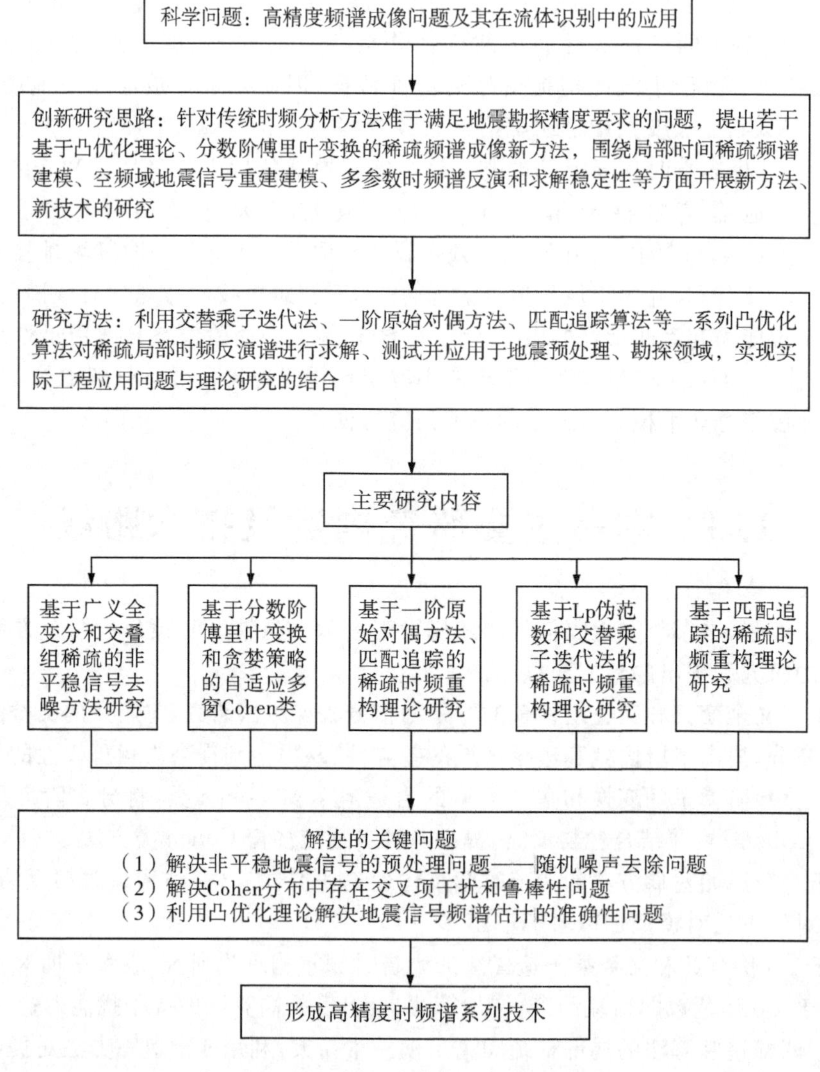

图 1－1　技术路线框图

第 3 章则具体阐述如何利用交叠组稀疏正则项与广义全变分正则项来提升地震信号时频域重建性能，为了提高去噪效率，特别引入频域卷积定理以及加速重启交替乘子迭代法。

第 4 章则主要阐述基于贪婪策略和分数阶傅里叶变换的多方向窗 Cohen 分布。该方法从 Gabor 变换与 Cohen 类的关系出发，利用分数阶 Fourier 变换的方向性对 Cohen 类分布加以优化，获得分辨率较高且交叉项干扰较少的时频分布。

第 5 章提出一种基于 L1 范数和 Chambolle-Pock 一阶原始对偶方法的稀疏时频分析方法，通过凸优化的手段达到提高时频分辨率的目的。

第 6 章则以第 5 章提出模型为基础，进一步引入 Lp 伪范数，从而提高时频分布的分辨率。由于 Lp 伪范数对噪声的鲁棒性更强，因此得到的稀疏时频分布也有更好的抗噪效果。

第 7 章提出一种基于匹配追踪贪婪算法的稀疏时频分析方法。

第2章　信号时频分析与数据预处理基础

本章针对全书涉及的基础知识进行回顾，综述时频分析方法基础（包括离散傅里叶变换及其快速实现，短时傅里叶变换，Cohen类时频分析以及分数域时频分析，稀疏表示等）、非平稳信号的数据预处理的理论基础，为后续章节奠定理论基础。

2.1　离散傅里叶变换及其快速实现

离散傅里叶变换（Discrete Fourier Transform，DFT）是将离散数字信号映射到频域的操作，其定义为

$$F(u)=\sum_{x=0}^{M-1}f(x)W_M^{ux},\ u=0,1,\cdots,M-1 \tag{2-1}$$

将式(2-1)写成矩阵形式，则有

$$\begin{bmatrix}F(0)\\F(1)\\F(2)\\\vdots\\F(M-1)\end{bmatrix}=\begin{bmatrix}1&1&1&\cdots&1\\1&W_M^1&W_M^2&\cdots&W_M^{M-1}\\1&W_M^2&W_M^4&\cdots&W_M^{2(M-1)}\\\vdots&\vdots&\vdots&&\vdots\\1&W_M^{M-1}&W_M^{2(M-1)}&\cdots&W_M^{(M-1)(M-1)}\end{bmatrix}\begin{bmatrix}f(0)\\f(1)\\f(2)\\\vdots\\f(M-1)\end{bmatrix} \tag{2-2}$$

其中，旋转因子定义如下

$$W_M=\mathrm{e}^{-\mathrm{j}2\pi/M} \tag{2-3}$$

离散傅里叶变换的复数加法和乘法复杂度都为 $O(M^2)$。

旋转因子具有下面两组重要性质：

(1) $W_M^0=1$，$W_M^{M/2}=-1$

(2) $W_M^{M+r}=W_M^r$（周期性），$W_M^{M/2+r}=-W_M^r$（对称性），$W_{2M}^{2r}=W_M^r$　　(2-4)

下面举个例子，当离散变换点数 $M=4$ 时，有

$$\begin{bmatrix}F(0)\\F(1)\\F(2)\\F(3)\end{bmatrix}=\begin{bmatrix}1&1&1&1\\1&W_4^1&-1&-W_4^1\\1&-1&1&-1\\1&-W_4^1&-1&W_4^1\end{bmatrix}\begin{bmatrix}f(0)\\f(1)\\f(2)\\f(3)\end{bmatrix} \tag{2-5}$$

如果直接进行计算，需要16次复数乘法，根据旋转因子的周期性和对称性，可以将式(2-5)改写，将矩阵的第二列和第三列进行交换，得

$$\begin{bmatrix}F(0)\\F(1)\\F(2)\\F(3)\end{bmatrix}=\begin{bmatrix}1&1&1&1\\1&-1&W_4^1&-W_4^1\\1&1&-1&-1\\1&-1&-W_4^1&W_4^1\end{bmatrix}\begin{bmatrix}f(0)\\f(2)\\f(1)\\f(3)\end{bmatrix}\tag{2-6}$$

将式(2-6)展开，得

$$\left.\begin{aligned}F(0)&=[f(0)+f(2)]+[f(1)+f(3)]\\F(1)&=[f(0)-f(2)]+[f(1)-f(3)]W_4^1\\F(2)&=[f(0)+f(2)]-[f(1)+f(3)]\\F(3)&=[f(0)-f(2)]-[f(1)-f(3)]W_4^1\end{aligned}\right\}\tag{2-7}$$

观察式(2-7)可以发现，部分计算是重复的，只需要 8 次加法，4 次乘法(其中复数乘法 1 次)计算即可，总运算量大大下降。可见，通过旋转因子的性质，可以大幅提高 DFT 的运算效率。下面讨论 FFT 的运算复杂度，设 M 具有如下形式：

$$M=2^n\tag{2-8}$$

式中，n 是一个正整数。因此 M 可以表示为

$$M=2K\tag{2-9}$$

将式(2-9)带入式(2-1)得

$$\begin{aligned}F(u)&=\sum_{x=0}^{M-1}f(x)W_M^{ux}=\sum_{x=0}^{2K-1}f(x)W_{2K}^{ux}=\\&\sum_{x=0}^{K-1}f(2x)W_{2K}^{u2x}+\sum_{x=0}^{K-1}f(2x+1)W_{2K}^{u(2x+1)}\end{aligned}\tag{2-10}$$

式中，$W_{2K}^{u2x}=W_K^{ux}$，因此式(2-10)可以表达为

$$F(u)=\sum_{x=0}^{K-1}f(2x)W_{2K}^{u2x}+\sum_{x=0}^{K-1}f(2x+1)W_K^{ux}W_{2K}^{u}\tag{2-11}$$

定义 $F_{\text{even}}(u)$ 为

$$F_{\text{even}}(u)=\sum_{x=0}^{K-1}f(2x)W_{2K}^{u2x},\quad u=0,1,2,\cdots,K-1\tag{2-12}$$

定义 $F_{\text{odd}}(u)$ 为

$$F_{\text{odd}}(u)=\sum_{x=0}^{K-1}f(2x+1)W_K^{ux}\tag{2-13}$$

则有

$$F(u)=F_{\text{even}}(u)+F_{\text{odd}}(u)W_{2K}^{u}\tag{2-14}$$

因 $W_M^{u+M}=W_M^u$(周期性)和 $W_{2M}^{u+M}=-W_{2M}^u$(对称性)，故

$$\begin{aligned}F(u+K)&=\sum_{x=0}^{K-1}f(2x)W_{2K}^{(u+K)2x}+\sum_{x=0}^{K-1}f(2x+1)W_{2K}^{(u+K)(2x+1)}=\\&\sum_{x=0}^{K-1}f(2x)W_{2K}^{(2xu+2xK)}+\sum_{x=0}^{K-1}f(2x+1)W_{2K}^{(2xu+2xK+u+K)}=\\&F_{\text{even}}(u)-F_{\text{odd}}(u)W_{2K}^{u}\end{aligned}\tag{2-15}$$

从式(2-14)和式(2-15)可以看到，前半部分用到的数据 $F_{\text{even}}(u)$ 在后半部分的 $F(u+K)$ 计算中是不需要重复计算的，因此可以减少运算复杂度。

而对于前半部分，

$$F_{\text{even}}(u) = \sum_{x=0}^{K-1} f(2x) W_{2K}^{u2x} = \sum_{x=0}^{K-1} f(2x) W_K^{ux}$$

令 $g_e(x) = f(2x)$，则

$$F_{\text{even}}(u) = \sum_{x=0}^{K-1} g_e(x) W_K^{ux} = \text{DFT}_K\{g_e(x)\} \tag{2-16}$$

令 $g_o(x) = f(2x+1)$，显然，对于 $M = 2K$ 的序列进行离散傅里叶变换，前一半数据的 DFT 可以写为

$$F(u) = \text{DFT}_K\{g_e(x)\} + \text{DFT}_K\{g_o(x)\} W_{2K}^u \tag{2-17}$$

而后半部分的 DFT，由于用到前半部分计算过程中的中间变量，因此可以避免重复计算，即

$$F(u+K) = \text{DFT}_K\{g_e(x)\} - \text{DFT}_K\{g_o(x)\} W_{2K}^u \tag{2-18}$$

假设一开始是两点，则 $M = 2K = 2$，需要进行的乘法次数 $m(1)$ 是 1，加法 $\alpha(1)$ 是 2，详见下式：

$$\begin{bmatrix} F(0) \\ F(1) \end{bmatrix} = \begin{bmatrix} 1 & 1 \\ 1 & \mathrm{e}^{-j2\pi/2} \end{bmatrix} \begin{bmatrix} f(0) \\ f(1) \end{bmatrix} \tag{2-19}$$

如果处理点数为四点，则把 0 和 2 当作一组作为信号 $g_e(x)$，将 1 和 3 点当成第二组信号 $g_o(x)$，分别计算各自的 2 点 DFT。对于 4 点的 DFT，前两点 DFT 的计算方法为

$$F(u) = \text{DFT}_K\{g_e(x)\} + \text{DFT}_K\{g_o(x)\} W_{2K}^u,\ u = 0, 1$$

后两点的 DFT 的计算方法为

$$F(u+K) = \text{DFT}_K\{g_e(x)\} - \text{DFT}_K\{g_o(x)\} W_{2K}^u$$

则总的乘法运算为

$$m(2) = 2m(1) + 2$$

加法的次数为

$$\alpha(2) = 2\alpha(1) + 4$$

同理，如果处理的点数是 8 点，分成两组 4 点变换，需要 $m(3) = 2m(2) + 4$ 次乘法，这里的“4”是前 4 点的 $\text{DFT}_K\{g_o(x)\} W_{2K}^u$，然后还需要 $\alpha(3) = 2\alpha(2) + 8$ 个点的加法。

对于任意正整数 n，可以将 FFT 的乘法次数递归表达式归纳为

$$m(n) = 2m(n-1) + 2^{n-1},\quad n \geqslant 1 \tag{2-20}$$

加法次数为

$$a(n) = 2a(n-1) + 2^n,\quad n \geqslant 1 \tag{2-21}$$

式中，$m(0) = 0$，$\alpha(0) = 0$，即单点不需要任何加法和乘法运算。

对式(2-20)两边同时除以 2^n，得到

$$\frac{m(n)}{2^n} = \frac{m(n-1)}{2^{n-1}} + \frac{1}{2},\quad n \geqslant 1 \tag{2-22}$$

令

$$b(n) = \frac{m(n)}{2^n}$$

则有

$$b(n) = b(n-1) + \frac{1}{2},\quad n \geqslant 1 \tag{2-23}$$

显然，$b(n)$ 是以 $b(0)=0$ 为首项，$\frac{1}{2}$ 为公差的等差数列，因此有

$$b(n)=\frac{1}{2}n \tag{2-24}$$

则 $b(n)=\frac{m(n)}{2^n}=\frac{1}{2}n$，故有 FFT 的复数乘法复杂度为

$$m(n)=\frac{1}{2}n2^n=\frac{1}{2}M\log_2 M \tag{2-25}$$

同理可证，FFT 的复数加法运算复杂度 $a(n)=M\log_2 M$。对比 DFT 的运算复杂度，显然利用 FFT 计算 DFT，效率会大幅提高，且随着 M 值变大，运算优势会更明显。全书多处用到 FFT 运算，例如，本书第 3 章将行循环差分矩阵左乘理解为卷积运算，并将 FFT 和卷积定理引入非平稳信号的时频重建，提高算法运算效率；又如第 4 章，将模糊函数映射到时频域，也用到 FFT 运算。

2.2 STFT 与海森伯格测不准原理

STFT 是在傅里叶变换基础上演变得到，基本思想是利用一个滑动的短时滑动窗函数将信号进行加权，然后对加权的子信号做傅里叶变换。STFT 变换的定义如下：

$$\mathrm{STFT}(t,f)=\int_{-\infty}^{\infty}x(\tau)h^*(\tau-t)\mathrm{e}^{-\mathrm{j}2\pi f\tau}\mathrm{d}\tau \tag{2-26}$$

式中，$x(\tau)$ 表示原信号；$h(t-\tau)$ 为加权窗函数。短时傅里叶变换受到 Heisenberg 测不准原理约束，导致其时频分辨率较低。

下面简要介绍 Heisenberg 测不准原理。假定 $h(t)$ 为 STFT 的加权窗函数，频率窗为 $H(f)$，则时频带宽积定义为

$$(\Delta_\mathrm{t}\Delta_\mathrm{f})^2=\frac{\left(\int_{-\infty}^{\infty}t^2\mid h(t)\mid^2\mathrm{d}t\right)\left(\int_{-\infty}^{\infty}f^2\mid H(f)\mid^2\mathrm{d}f\right)}{\|h\|^2\ \|H\|^2} \tag{2-27}$$

令 $\xi(t)=th(t)$，则有，$\int_{-\infty}^{\infty}t^2\mid h(t)\mid^2\mathrm{d}t=\|\xi\|^2$，且傅里叶变换满足 $\|H\|^2=2\pi\|h\|^2$，将上述两公式带入式(2-27)，得

$$(\Delta_\mathrm{t}\Delta_\mathrm{f})^2=\frac{\left(\int_{-\infty}^{\infty}t^2\mid h(t)\mid^2\mathrm{d}t\right)\left(\int_{-\infty}^{\infty}f^2\mid H(f)\mid^2\mathrm{d}f\right)}{\|h\|^2\ \|H\|^2}=\frac{1}{\|h\|^4}\ \|\xi\|^2\ \|h'\|^2 \tag{2-28}$$

利用 Schwarz 不等式可以得

$$(\Delta_\mathrm{t}\Delta_\mathrm{f})^2\geqslant\frac{1}{\|h\|^4}\mid\langle\xi,h'\rangle\mid^2\geqslant\frac{1}{\|h\|^4}\mid\mathrm{Re}[\langle\xi,h'\rangle]\mid^2\geqslant\frac{1}{\|h\|^4}\left\{\mathrm{Re}\left[\int_{-\infty}^{\infty}th(t)h'^*(t)\right]\right\}^2 \tag{2-29}$$

又有

$$\mathrm{Re}[th(t)h'^*(t)] = \frac{1}{2}t\frac{\mathrm{d}}{\mathrm{d}t}|h(t)|^2 \tag{2-30}$$

因此

$$\begin{aligned}\mathrm{Re}\left[\int_{-\infty}^{\infty} th(t)h'^*(t)\right] &= \frac{1}{2}\int_{-\infty}^{\infty} t\frac{\mathrm{d}}{\mathrm{d}t}|h(t)|^2\mathrm{d}t = \\ &\frac{1}{2}t\,|h(t)|^2\Big|_{-\infty}^{\infty} - \frac{1}{2}\int_{-\infty}^{\infty}|h(t)|^2\mathrm{d}t = \\ &-\frac{1}{2}|h(t)|^2\end{aligned} \tag{2-31}$$

将式(2-31) 代入式(2-29)，得

$$(\Delta_t\Delta_f) \geqslant \frac{1}{2} \tag{2-32}$$

Heisenberg 测不准原理表明[68]，STFT 的时间分辨力与频率分辨率不能同时无限提高。本书的第 5 章将稀疏表示理论引入 STFT，提出一种稀疏频谱反演模型，从而提高了 STFT 的时频分辨率。第 6 章在第 5 章的基础上引入 Lp 伪范数，进一步提高时频图的稀疏性。第 7 章则结合匹配追踪算法对稀疏频谱反演模型加以求解，也获得了较好的效果。

2.3　Cohen 类时频分布理论简介

自 1948 年 WVD 出现后，它在许多领域得到了广泛应用，人们在实践中针对不同需要，对其做某些改进。Cohen 发现众多的时频分布可以统一形式，即用 Cohen 类分布(Cohen Distribution，CD) 表示：

$$\mathrm{CD}(t,\omega) = \int_{-\infty}^{\infty}\int_{-\infty}^{\infty} A_s(\theta,\tau)\Phi(\theta,\tau)\mathrm{e}^{-\mathrm{j}(\theta t+\omega\tau)}\mathrm{d}\tau\mathrm{d}\theta \tag{2-33}$$

其中，$A_s(\theta,\tau)$ 称为信号的模糊函数，定义如式(2-34) 所示。$\Phi(\theta,\tau)$ 称为模糊域窗函数，当 $\Phi(\theta,\tau)=1$ 时，Cohen 类退化为 WVD。

$$A_s(\theta,\tau) = \int_{-\infty}^{\infty} s(t+\tau/2)s^*(t-\tau/2)\mathrm{e}^{\mathrm{j}\theta t}\mathrm{d}t \tag{2-34}$$

其中，$s(t+\tau/2)s^*(t-\tau/2)$ 称为信号的瞬时自相关函数。当信号成分较多时，例如：$s(t)=\sum_{n=1}^{N}s_i(t)$，则模糊函数存在大量的模糊域交叉项。$A_{s_i}(\theta,\tau)=\int_{-\infty}^{\infty}s_i(t+\tau/2)s_i^*(t-\tau/2)\mathrm{e}^{\mathrm{j}\theta t}\mathrm{d}t$ 表示子信号 $s_i(t)$ 的自项，$A_{s_is_j}(\theta,\tau)\Big|_{i\neq j}=\int_{-\infty}^{\infty}s_i(t+\tau/2)s_j^*(t-\tau/2)\mathrm{e}^{\mathrm{j}\theta t}\mathrm{d}t$ 表示交叉项。

二次时频分析技术将主要精力放在如何在模糊域最大限度去除交叉项，同时又保留信号的自项。模糊函数的特点在于，信号自项的模糊函数以模糊域原点为中心，而交叉项则远离原点。

本书第 4 章将从分数阶傅里叶变换旋转特性出发，设计一种自适应多方向窗 Cohen 分布，该方法能较好地去除交叉项，并保持良好的时频分辨率。

2.4 稀疏表示理论

稀疏表示(Sparse Representation,SR)是信号处理领域非常活跃的分支。如图2-1所示为稀疏表示示意图,图中 $\boldsymbol{y} \in \mathbb{C}^{M\times1}$ 表示测量向量,$\boldsymbol{\Theta} \in \mathbb{C}^{M\times N}(M < N)$ 表示稀疏表示字典,$\boldsymbol{x} \in \mathbb{C}^{N\times1}$ 为稀疏变换域系数。显见,由于 $\boldsymbol{x}$ 中只有两个元素非零,要从字典 $\boldsymbol{\Theta}$ 中恢复出信号,因此只需要字典中方框框出的两个原子稀疏重构。

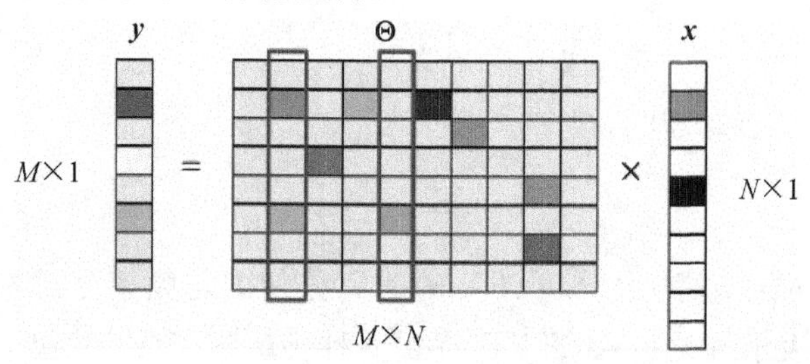

图 2-1 稀疏表示示意图

对于一个非平稳信号,在较短的时间内可以认为信号是平稳的,而平稳信号的频谱结构往往是稀疏的,因此,可利用这一重要特点,将稀疏表示理论应用到时频分析当中。国防科技大学刘振博士提出短时压缩感知(Short Time Compressed Sensing,STCS)算法,将压缩感知技术引入时频分析,在此基础上根据得到的无模糊微多普勒频谱对目标微动特性进行估计,并对目标进行成像[69-72]。Flandrin 于 2010 年在 *IEEE Transactions on Signal Processing* 上系统分析了时频分析与稀疏表示的结合点[73]。稀疏表示用于时频分析是符合信号局部时间稀疏结构频谱特征的,而且能规避很多常规时频分析的缺陷。将稀疏表示技术应用于时频分析,关键在于稀疏频谱模型的构建。随着稀疏表示理论的不断发展,近年来稀疏时频分析技术(Sparse Time Frequency Analysis,STFA)也逐渐引起地球物理学者的关注,涌现出一批新工作。如 Wang 等人将稀疏时频分解应用于地震勘探信号处理[74]。Sattari 提出一种稀疏STFT,应用于地震资料分析,并讨论了计算最优窗长的问题[75]。Puryear 等人提出一种约束最小二乘谱分析方法,获得了较高的时频分辨率,并将其用于地震信号处理[76]。Lu 和 Li 提出一种反卷积短时傅里叶变换谱,用于地震勘探谱分解[77]。

稀疏表示应用于时频分析有如下五个优势:

(1)对于绝大多数非平稳信号,尽管其频谱分布极其复杂,但是在局部时间点上往往是稀疏的,可以用稀疏表示模型进行数学建模;

(2)稀疏表示理论成熟,重构方法多样,为稀疏表示技术在时频分析领域的应用奠定充分的理论和技术支撑;

(3)对信号进行短时频谱重构,可消除截断时间以外的频谱干扰;

(4)稀疏表示重构的频谱不受到交叉项干扰;

(5)稀疏表示重构频谱可以获得更精准的稀疏频谱。

本书第 5～7 章将稀疏表示引入时频分析,并从不同的优化方法着手求解稀疏频谱反演模型。

2.5　数据的稀疏正则化预处理

由于数据源经常受到各种噪声源(如高斯噪声、Gamma 噪声、柯西噪声、冲击噪声等)的干扰,因此在进行数据处理之前往往需要进行数据的预处理,即去噪处理。稀疏正则化预处理技术是众多去噪方法中最常用的方法。基于正则化预处理技术的数据预处理方法有很多,如各向异性全变分(Anisotropic Total Variation,ATV)[78-81]、各向同性全变分方法(Isotropy Total Variation,ITV)[82]。其中 ATV 和 ITV 去噪方法存在较为严重的阶梯效应,学者们为此提出了多种改进方法,如广义全变分方法[83]、交叠组稀疏方法[84-86]等。去噪算法的主要评价指标有峰值信噪比(Peak Signal to Noise Ratio,PSNR)和结构相似性(Structural Similarity,SSIM)[87],其计算公式如下:

$$\mathrm{PSNR}(\boldsymbol{X},\boldsymbol{Y})=10\lg\frac{(\mathrm{MAX}(\boldsymbol{X}))^2}{\frac{1}{N^2}\sum_{i=1}^{N}\sum_{j=1}^{N}(\boldsymbol{X}_{ij}-\boldsymbol{Y}_{ij})^2} \tag{2-35}$$

式中,$\boldsymbol{X}$ 为原图;$\boldsymbol{Y}$ 为重建图像。MAX($\boldsymbol{X}$)为 $\boldsymbol{X}$ 的最大值。

$$\mathrm{SSIM}(\boldsymbol{X},\boldsymbol{Y})=\frac{[2u_X u_Y+(Lk_1)^2][2\sigma_{XY}+(Lk_2)^2]}{[u_X^2+u_Y^2+(Lk_1)^2][\sigma_X^2+\sigma_Y^2+(Lk_2)^2]} \tag{2-36}$$

式中,u_X 为 $\boldsymbol{X}$ 的平均值;u_Y 是 $\boldsymbol{Y}$ 的平均值;σ_X^2 为 $\boldsymbol{X}$ 的方差,σ_Y^2 为 $\boldsymbol{Y}$ 的方差;σ_{XY}为 $\boldsymbol{X}$ 和 $\boldsymbol{Y}$ 的协方差;L 表示图像最大灰度;k_1 和 k_2 是用来维持分母非零的常数。

本书第 3 章将交叠组稀疏正则项融合到广义全变分方法,对图像的高阶梯度信息进行结构相似性约束,从而达到对非平稳地震信号随机噪声去除的效果。

2.6　本 章 小 结

本章首先回顾了离散傅里叶变换、快速傅里叶变换以及传统时频分析基础,指出传统方法中存在的不足。然后简要介绍了稀疏表示理论和数据预处理技术,为后续章节做好铺垫。

第3章　基于交叠组稀疏广义全变分的地震数据时频重建

地震信号由子波信号与大地反射系数卷积而成，由于存在大量噪声的干扰，其是一种典型的非平稳信号，地震波在地下的传播过程中受到大量噪声干扰，其统计特性会发生显著变化，这对解释人员正确解读地层信息带来较大的干扰。因此，在处理地震信号之前，非常有必要将非平稳信号中的噪声去除。在众多去噪模型中，全变分方法是一种适用性较强的去噪手段，但是该方法假设被处理图像为分片常数，导致阶梯效应非常严重。广义全变分去噪方法是全变分去噪方法的推广，该模型被证明能有效减少全变分模型阶梯效应。本章将交叠组稀疏收缩技术引入广义全变分模型，提出一种改进的广义全变分去噪方法，该方法更好地挖掘了图像一阶梯度和二阶梯度的结构稀疏先验知识，从而获得相比于广义全变分更好的去噪效果。在提出改进模型后，本章基于交替乘子迭代法框架，将多约束问题转化为去耦合的若干子问题，并引入傅里叶变换技术提高算法运行效率。为验证该算法，本章以地震信号为基础，对比各类全变分去噪方法，实验结果显示，提出方法的去噪性能相比于传统全变分方法具有较大提升。

3.1　概　　述

实际地震信号中存在大量随机噪声，如高斯噪声、Gamma 噪声等。全变分正则项(Total Variation，TV)被证明是一种有效去除随机噪声的正则项，自从它被 Rudin 等提出之后[78]，就引起了学者们的广泛关注。全变分正则项充分挖掘了二维图像的横向纵向梯度信息，较好地契合了自然图像的局部光滑和梯度稀疏等先验知识，被广泛应用于地震图像去噪[88-89]，地震波阻抗反演[90]，弱小目标检测[91]，超分辨率分析[92]等众多领域。Guo 等人提出了一种基于广义全变分(Total Generalized Variation，TGV)和剪切波变换的细节保留方法，用于核磁共振成像中[93]。Kong 和 Peng 则将 Shearlet 和 TGV 正则项用于地震信号去噪[89]。综上所述，TGV 正则化技术逐渐成为图像与信号处理领域的新热点。

近年来，Selesnick 和 Chen 提出了交叠组稀疏正则项[84-86]。学者们将交叠组稀疏正则项引入 ATV 模型，用于去除 ATV 模型的阶梯效应[94]。然而各向异性全变分模型没有二阶差分的约束，交叠组稀疏梯度的引入对阶梯效应的抑制能力有限。值得注意的是，TGV 和交叠组稀疏收缩对阶梯效应的抑制机理并不一样，前者利用的是图像一阶、二阶差分约束来缓解阶梯效应，后者则通过图像梯度的结构特性来抑制阶梯效应。目前，TGV 模型与组稀疏收缩的交叉研究仍然处于起步阶段，注意到经典的 TGV 模型并没有考虑图像梯度的邻域结构特性，并受 Liu 等人[94]的启发，本章提出一种基于交叠组稀疏收缩的改进广义全变分模型(TGV with Overlapping Group Sparsity，TGV-OGS)，并将其用于地震信号去噪中。本章采用交替乘子迭代法(Alternating Direction Method of Multipliers，ADMM)[95-96]对提出模型进行求解。为提高算法效率，本章假定处理图像满足周期性边界条件，并借鉴快速解卷积方法[97-99]，该方法巧妙避免了大型差分矩阵的相乘运算，将差分操作理解为卷积，再利用卷积定理，从频域进行图像恢复。在后续实验中，将对比传统各向异性全变分方法[82]、各向异性组稀疏方法[94]、TGV去噪方法以及本章提出的去噪方法，并从PSNR，SSIM以及运算时间等指标客观对比算法。从实验结果可以看到，本章提出的模型和算法能进一步改进TGV的去噪性能，并更好地抑制ATV的阶梯效应。

3.2　预备知识

3.2.1　二阶TGV模型

为方便讨论，这里假定处理图像为方阵。标准的二阶TGV模型定义为

$$\min_{f,v}\frac{1}{2}\left\|\boldsymbol{f}-\boldsymbol{g}\right\|_2^2+\mu\mathrm{TGV}_2(\boldsymbol{f})=\frac{1}{2}\left\|\boldsymbol{f}-\boldsymbol{g}\right\|_2^2+\mu[\alpha_0\left\|\nabla\boldsymbol{f}-\boldsymbol{v}\right\|_1+\alpha_1\left\|\xi(\boldsymbol{v})\right\|_1] \tag{3-1}$$

式中，$\frac{1}{2}\left\|\boldsymbol{f}-\boldsymbol{g}\right\|_2^2$ 表示保真项；$\mathrm{TGV}_2(\boldsymbol{f})$ 表示二阶广义全变分正则项；μ 表示正则系数，用于平衡保真项与正则项。$\boldsymbol{f}\in\mathbb{R}^{N^2\times 1}$ 表示待求的去噪图像的列向量形式，$\boldsymbol{g}\in\mathbb{R}^{N^2\times 1}$ 为观测的地震信号图像的列向量形式，$\boldsymbol{v}\in\mathbb{R}^{2N^2\times 1}$ 为TGV正则项中间变量。$\nabla=\begin{bmatrix}\nabla_x\\\nabla_y\end{bmatrix}$为梯度算子，$\nabla_x\in\mathbb{R}^{N^2\times N^2}$ 表示横向梯度算子，$\nabla y\in\mathbb{R}^{N^2\times N^2}$ 表示纵向梯度算子。

$$\xi(\boldsymbol{v})=\begin{bmatrix}\nabla_x\boldsymbol{v}_x & \frac{1}{2}(\nabla_x\boldsymbol{v}_y+\nabla_y\boldsymbol{v}_x)\\ \frac{1}{2}(\nabla_x\boldsymbol{v}_y+\nabla_y\boldsymbol{v}_x) & \nabla_y\boldsymbol{v}_y\end{bmatrix}$$

$\left\|\boldsymbol{x}\right\|_1=\sum_{i=1}^{N}\boldsymbol{x}_i$ 表示向量 x 的L1范数。

为了使用傅里叶变换提高算法速度，假定图像满足周期性边界条件。为方便后续讨论，将二阶TGV模型写成矩阵形式，并将差分形式表示为卷积形式，也即

$$\begin{aligned}\min_{F,V_x,V_y}\frac{1}{2}\left\|\boldsymbol{F}-\boldsymbol{G}\right\|_2^2+\mu\mathrm{TGV}_2(\boldsymbol{F})=\min_{F,V_x,V_y}\frac{1}{2}\left\|\boldsymbol{F}-\boldsymbol{G}\right\|_2^2+\mu[\alpha_0(\left\|\boldsymbol{K}_h*\boldsymbol{F}-\boldsymbol{V}_x\right\|_1+\\ \left\|\boldsymbol{K}_v*\boldsymbol{F}-\boldsymbol{V}_y\right\|_1)+\alpha_1(\left\|\boldsymbol{K}_h*\boldsymbol{V}_x\right\|_1+\\ \left\|\boldsymbol{K}_v*\boldsymbol{V}_y\right\|_1+\left\|\boldsymbol{K}_v*\boldsymbol{V}_x+\boldsymbol{K}_h*\boldsymbol{V}_y\right\|_1)]\end{aligned} \tag{3-2}$$

式中，$\boldsymbol{F},\boldsymbol{G},\boldsymbol{V}_x,\boldsymbol{V}_y\in\mathbb{R}^{N\times N}$，$\boldsymbol{K}_h=[1,-1]$，$\boldsymbol{K}_v=\begin{bmatrix}1\\-1\end{bmatrix}$。符号 $*$ 表示二维矩阵卷积运算，且满足$\nabla_x\boldsymbol{f}=\mathrm{vec}(\boldsymbol{K}_h*\boldsymbol{F})$，$\nabla_y\boldsymbol{f}=\mathrm{vec}(\boldsymbol{K}_v*\boldsymbol{F})$，其中vec为向量化算子。式中的$\|\cdot\|_2$表示矩阵的二范数。

3.2.2 二维矩阵交叠组稀疏邻近算子

假定$\boldsymbol{V}_0$为待收缩矩阵，则其交叠组稀疏迫近函数定义为

$$P(\boldsymbol{V}) = \mathrm{prox}_{\gamma\varphi}(\boldsymbol{V}_0) = \min_V \frac{1}{2}\left\|\boldsymbol{V}-\boldsymbol{V}_0\right\|_2^2 + \gamma\varphi(\boldsymbol{V}) \tag{3-3}$$

式中，$\varphi(\boldsymbol{V}) = \sum_{i=1}^{N}\sum_{j=1}^{N}\left\|\widetilde{\boldsymbol{V}}_{i,j,K,K}\right\|_2$ 表示交叠组稀疏正则项。$\widetilde{\boldsymbol{V}}_{i,j,K,K}$ 表示规模为$K\times K$的交叠组稀疏矩阵，定义如下：

$$\widetilde{\boldsymbol{V}}_{i,j,K,K} = \begin{bmatrix} V_{i-K_l,j-K_l} & V_{i-K_l,j-K_l+1} & \cdots & V_{i-K_l,j+K_r} \\ V_{i-K_l+1,j-K_l} & V_{i-K_l+1,j-K_l+1} & \cdots & V_{i-K_l+1,j+K_r} \\ \vdots & \vdots & & \vdots \\ V_{i+K_r,j-K_l} & V_{i+K_r,j-K_l+1} & \cdots & V_{i+K_r,j+K_r} \end{bmatrix} \tag{3-4}$$

其中，$K_l = \lfloor \frac{K-1}{2} \rceil$，$K_r = \lfloor \frac{K}{2} \rceil$，$\lfloor x \rceil$表示下取整算子。

利用优化最小化方法(Majorization Minimization，MM)[100] 算法可以有效计算式(3-3)。根据MM算法，要最小化$P(\boldsymbol{V})$，需要先找到一个函数满足，对所有$\boldsymbol{V}$，$\boldsymbol{U}$，都有$Q(\boldsymbol{V},\boldsymbol{U}) \geqslant P(\boldsymbol{V})$，当且仅当$\boldsymbol{U}=\boldsymbol{V}$时，等号成立。据此，每次计算的$Q(\boldsymbol{V},\boldsymbol{U})$最小值为$P(\boldsymbol{V})$的优化，式(3-3)的计算可以转换为

$$\boldsymbol{V}^{(k+1)} = \underset{V}{\mathrm{argmin}} Q(\boldsymbol{V},\boldsymbol{V}^{(k)}) \tag{3-5}$$

注意下列不等式的存在：

$$\frac{1}{2}\left(\frac{1}{\|\boldsymbol{U}\|_2}\left\|\boldsymbol{V}\right\|_2^2 + \|\boldsymbol{U}\|_2\right) \geqslant \|\boldsymbol{V}\|_2 \tag{3-6}$$

式中，当且仅当$\boldsymbol{U}=\boldsymbol{V}$时等号成立。

观察式(3-3)和式(3-6)，可以得到 $\varphi(\boldsymbol{V}) = \sum_{i=1}^{N}\sum_{j=1}^{N}\left\|\widetilde{\boldsymbol{V}}_{i,j,K,K}\right\|_2$ 的优化项如下：

$$S(\boldsymbol{V},\boldsymbol{U}) = \frac{1}{2}\sum_{i=1}^{N}\sum_{j=1}^{N}\left[\frac{1}{\left\|\widetilde{\boldsymbol{U}}_{i,j,K,K}\right\|_2}\left\|\widetilde{\boldsymbol{V}}_{i,j,K,K}\right\|_2^2 + \left\|\widetilde{\boldsymbol{U}}_{i,j,K,K}\right\|_2\right] \geqslant \varphi(\boldsymbol{V}) = \sum_{i=1}^{N}\sum_{j=1}^{N}\left\|\widetilde{\boldsymbol{V}}_{i,j,K,K}\right\|_2 \tag{3-7}$$

将$S(\boldsymbol{V},\boldsymbol{U})$改写为

$$S(\boldsymbol{V},\boldsymbol{U}) = \frac{1}{2}\left\|\boldsymbol{D}(\boldsymbol{U})\boldsymbol{v}\right\|_2^2 + C(\boldsymbol{U}) \tag{3-8}$$

式中，$\boldsymbol{v}$是矩阵$\boldsymbol{V}$的向量形式，$C(\boldsymbol{U})$与$\boldsymbol{V}$无关，可视为关于$\boldsymbol{V}$的常数项。$\boldsymbol{D}(\boldsymbol{U}) \in \mathbb{R}^{N^2\times N^2}$ 是一个对角矩阵，其对角元素定义如下：

$$[\boldsymbol{D}(\boldsymbol{U})]_{m,m} = \sqrt{\sum_{i=-K_l}^{K_r}\sum_{j=-K_l}^{K_r}\left\{\sum_{k_1=-K_l}^{K_r}\sum_{k_2=-K_l}^{K_r}\left|\boldsymbol{U}_{m-i+k_1,m-j+k_2}\right|^2\right\}^{-\frac{1}{2}}} \tag{3-9}$$

结合式(3-5)和式(3-7)，可以将式(3-3)转化为

$$\boldsymbol{V}^{(k+1)} = \underset{V}{\mathrm{argmin}}\frac{1}{2}\left\|\boldsymbol{V}-\boldsymbol{V}_0\right\|_2^2 + \gamma S(\boldsymbol{V},\boldsymbol{V}^{(k)}) =$$

$$\underset{V}{\operatorname{argmin}} \frac{1}{2}\left\|\boldsymbol{V}-\boldsymbol{V}_0\right\|_2^2+\gamma\left\{\frac{1}{2}\left\|\boldsymbol{D}(\boldsymbol{V}^{(k)})\boldsymbol{v}\right\|_2^2+C(\boldsymbol{V}^{(k)})\right\} \tag{3-10}$$

式(3-10)为二次规划问题，其迭代最优解如下

$$\boldsymbol{V}^{(k+1)}=\operatorname{mat}\{[\boldsymbol{I}+\gamma \boldsymbol{D}^2(\boldsymbol{V}^{(k)})]^{-1}\boldsymbol{v}_0\} \tag{3-11}$$

式中，$\boldsymbol{I}\in\mathbb{R}^{N^2\times N^2}$ 表示单位矩阵，$\boldsymbol{v}_0$ 是 $\boldsymbol{V}_0$ 的向量形式，mat 表示向量矩阵化算子。

3.3　模型及其求解方法

3.3.1　基于交叠组稀疏的改进 TGV 模型

本节将 TGV 中的 L1 约束项改进为交叠组稀疏约束项，从而更好地挖掘图像一阶梯度与二阶梯度的差分信息。将二阶 TGV 建模修改如下：

$$\begin{aligned}&\min_{F,V_x,V_y}\frac{1}{2}\left\|\boldsymbol{F}-\boldsymbol{G}\right\|_2^2+\mu\mathrm{TGV}_{2\text{-OGS}}(\boldsymbol{F})=\\&\min_{F,V_x,V_y}\frac{1}{2}\left\|\boldsymbol{F}-\boldsymbol{G}\right\|_2^2+\mu\{\alpha_0[\varphi(\boldsymbol{K}_h*\boldsymbol{F}-\boldsymbol{V}_x)+\varphi(\boldsymbol{K}_v*\boldsymbol{F}-\boldsymbol{V}_y)]+\\&\alpha_1[\varphi(\boldsymbol{K}_h*\boldsymbol{V}_x)+\varphi(\boldsymbol{K}_v*\boldsymbol{V}_y)+\varphi(\boldsymbol{K}_v*\boldsymbol{V}_x+\boldsymbol{K}_h*\boldsymbol{V}_y)]\}\end{aligned} \tag{3-12}$$

其中，$\mathrm{TGV}_{2\text{-OGS}}(\boldsymbol{F})$ 表示基于交叠组稀疏收缩算子的二阶广义全变分正则项。

对比经典的 TGV 模型，本章提出模型将一阶梯度与二阶梯度矩阵的每个像素点邻域 K^2 个信息点交叠组合，从而更充分挖掘一阶梯度矩阵与二阶梯度矩阵结构特性。显然，每个像素点的邻域梯度与二阶邻域梯度是存在一定相似性的，这种结构稀疏先验被交叠组稀疏模型较好地刻画。

3.3.2　模型的 ADMM 求解

为求解式(3-12)定义的改进 TGV 模型，利用 ADMM 框架对模型进行求解，该方法通过引入去耦合的分裂变量将复杂的问题转化为若干个简单的子问题进行求解。分裂变量定义为，$\boldsymbol{Z}_1=\boldsymbol{K}_h*\boldsymbol{F}-\boldsymbol{V}_x$，$\boldsymbol{Z}_2=\boldsymbol{K}_v*\boldsymbol{F}-\boldsymbol{V}_y$，$\boldsymbol{Z}_3=\boldsymbol{K}_h*\boldsymbol{V}_x$，$\boldsymbol{Z}_4=\boldsymbol{K}_v*\boldsymbol{V}_y$，$\boldsymbol{Z}_5=\boldsymbol{K}_v*\boldsymbol{V}_x+\boldsymbol{K}_h*\boldsymbol{V}_y$，则原问题转化为约束问题，即

$$\begin{aligned}&\min_{F,V_x,V_y}\frac{1}{2}\left\|\boldsymbol{F}-\boldsymbol{G}\right\|_2^2+\mu\mathrm{TGV}_{2\text{-OGS}}(\boldsymbol{F})=\frac{1}{2}\left\|\boldsymbol{F}-\boldsymbol{G}\right\|_2^2+\mu\{\alpha_0[\varphi(\boldsymbol{Z}_1)+\varphi(\boldsymbol{Z}_2)]+\\&\qquad\alpha_1[\varphi(\boldsymbol{Z}_3)+\varphi(\boldsymbol{Z}_4)+\varphi(\boldsymbol{Z}_5)]\}\\&\text{s. t.}\\&\qquad\boldsymbol{Z}_1=\boldsymbol{K}_h*\boldsymbol{F}-\boldsymbol{V}_x,\ \boldsymbol{Z}_2=\boldsymbol{K}_v*\boldsymbol{F}-\boldsymbol{V}_y,\\&\qquad\boldsymbol{Z}_3=\boldsymbol{K}_h*\boldsymbol{V}_x,\ \boldsymbol{Z}_4=\boldsymbol{K}_v*\boldsymbol{V}_y,\\&\qquad\boldsymbol{Z}_5=\boldsymbol{K}_v*\boldsymbol{V}_x+\boldsymbol{K}_h*\boldsymbol{V}_y\end{aligned} \tag{3-13}$$

根据 ADMM 原理，可以将式(3-13)描述的约束问题转化为无约束的增广拉格朗日函数，目标函数变为如下表达式：

$$J=\max_{\substack{\Lambda_1,\Lambda_2,\Lambda_3,\\ \Lambda_4,\Lambda_5}}\left\{\min_{\substack{F,Z_1,Z_2,\\ Z_3,Z_4,Z_5}}\frac{1}{2}\left\|\boldsymbol{F}-\boldsymbol{G}\right\|_2^2+\mu_0[\varphi(\boldsymbol{Z}_1)+\varphi(\boldsymbol{Z}_2)]+\mu_1[\varphi(\boldsymbol{Z}_3)+\varphi(\boldsymbol{Z}_4)+\varphi(\boldsymbol{Z}_5)]-\right.$$
$$\langle\beta_0\boldsymbol{\Lambda}_1,\boldsymbol{Z}_1-(\boldsymbol{K}_h*\boldsymbol{F}-\boldsymbol{V}_x)\rangle-\langle\beta_0\boldsymbol{\Lambda}_2,\boldsymbol{Z}_2-(\boldsymbol{K}_v*\boldsymbol{F}-\boldsymbol{V}_y)\rangle-$$
$$\langle\beta_1\boldsymbol{\Lambda}_3,\boldsymbol{Z}_3-\boldsymbol{K}_h*\boldsymbol{V}_x\rangle-\langle\beta_1\boldsymbol{\Lambda}_4,\boldsymbol{Z}_4-\boldsymbol{K}_v*\boldsymbol{V}_y\rangle-\langle\beta_1\boldsymbol{\Lambda}_5,\boldsymbol{Z}_5-(\boldsymbol{K}_v*\boldsymbol{V}_x+\boldsymbol{K}_h*\boldsymbol{V}_y)\rangle+$$
$$\frac{\beta_0}{2}\left[\left\|\boldsymbol{Z}_1-(\boldsymbol{K}_h*\boldsymbol{F}-\boldsymbol{V}_x)\right\|_2^2+\left\|\boldsymbol{Z}_2-(\boldsymbol{K}_v*\boldsymbol{F}-\boldsymbol{V}_y)\right\|_2^2\right]+$$
$$\left.\frac{\beta_1}{2}\left[\left\|\boldsymbol{Z}_3-\boldsymbol{K}_h*\boldsymbol{V}_x\right\|_2^2+\left\|\boldsymbol{Z}_4-\boldsymbol{K}_v*\boldsymbol{V}_y\right\|_2^2+\left\|\boldsymbol{Z}_5-(\boldsymbol{K}_v*\boldsymbol{V}_x+\boldsymbol{K}_h*\boldsymbol{V}_y)\right\|_2^2\right]\right\}\tag{3-14}$$

式中，$\mu_0=\mu\alpha_0$，$\mu_1=\mu\alpha_1$，$\boldsymbol{\Lambda}_i(i=1,2,\cdots,5)$是收缩的拉格朗日乘子，也叫对偶变量。$\langle\boldsymbol{X},\boldsymbol{Y}\rangle$表示两个矩阵$\boldsymbol{X},\boldsymbol{Y}$的内积。

1. $\boldsymbol{F},\boldsymbol{V}_x,\boldsymbol{V}_y$ 子问题

在ADMM框架下，分离变量及其对偶变量之间与三元组$\boldsymbol{F},\boldsymbol{V}_x,\boldsymbol{V}_y$是去耦合的。而这三个变量相互之间是耦合的，因此需要建立关于三个变量的三元一次方程组，其中，对于$\boldsymbol{F}$子问题，其子目标函数退化为

$$J_1=\frac{1}{2}\left\|\boldsymbol{F}-\boldsymbol{G}\right\|_2^2+$$
$$\frac{\beta_0}{2}\left[\left\|(\boldsymbol{K}_h*\boldsymbol{F}-\boldsymbol{V}_x)-\boldsymbol{Z}_1^{(k)}+\boldsymbol{\Lambda}_1^{(k)}\right\|_2^2+\left\|(\boldsymbol{K}_v*\boldsymbol{F}-\boldsymbol{V}_y)-\boldsymbol{Z}_2^{(k)}+\boldsymbol{\Lambda}_2^{(k)}\right\|_2^2\right]\tag{3-15}$$

可以利用FFT计算式(3-15)。根据卷积定理，两个矩阵在空域卷积，对应到频域，卷积结果的频谱为两个矩阵频谱的点乘，将式(3-15)做傅里叶变换得

$$J_1=\frac{1}{2}\left\|\bar{\boldsymbol{F}}-\bar{\boldsymbol{G}}\right\|_2^2+$$
$$\frac{\beta_0}{2}\left[\left\|(\bar{\boldsymbol{K}}_h\circ\bar{\boldsymbol{F}}-\bar{\boldsymbol{V}}_x)-\bar{\boldsymbol{Z}}_1^{(k)}+\bar{\boldsymbol{\Lambda}}_1^{(k)}\right\|_2^2+\left\|(\bar{\boldsymbol{K}}_v\circ\bar{\boldsymbol{F}}-\bar{\boldsymbol{V}}_y)-\bar{\boldsymbol{Z}}_2^{(k)}+\bar{\boldsymbol{\Lambda}}_2^{(k)}\right\|_2^2\right]\tag{3-16}$$

式中，$\bar{\cdot}$ 表示 $\cdot$ 变量的傅里叶变换；符号 $\circ$ 表示点乘算子。令 J_1 关于 $\bar{\boldsymbol{F}}$ 求导为零，得

$$\begin{aligned}\frac{\partial J_1}{\partial\bar{\boldsymbol{F}}}=\bar{\boldsymbol{F}}-\bar{\boldsymbol{G}}+\beta_0\{(\bar{\boldsymbol{K}}_h)^*\circ[\bar{\boldsymbol{K}}_h\circ\bar{\boldsymbol{F}}-(\bar{\boldsymbol{V}}_x+\bar{\boldsymbol{Z}}_1^{(k)}-\bar{\boldsymbol{\Lambda}}_1^{(k)})]+\\(\bar{\boldsymbol{K}}_v)^*\circ[\bar{\boldsymbol{K}}_v\circ\bar{\boldsymbol{F}}-(\bar{\boldsymbol{V}}_y+\bar{\boldsymbol{Z}}_2^{(k)}-\bar{\boldsymbol{\Lambda}}_2^{(k)})]\}=\boldsymbol{0}\end{aligned}\tag{3-17}$$

令$\boldsymbol{A}_{11}=\boldsymbol{1}+\beta_0(\bar{\boldsymbol{K}}_h)^*\circ\bar{\boldsymbol{K}}_h+\beta_0(\bar{\boldsymbol{K}}_v)^*\circ\bar{\boldsymbol{K}}_v$，$\boldsymbol{A}_{12}=-\beta_0(\bar{\boldsymbol{K}}_h)^*$，$\boldsymbol{A}_{13}=-\beta_0(\bar{\boldsymbol{K}}_v)^*$，$\boldsymbol{B}_1=\beta_0(\bar{\boldsymbol{K}}_h)^*\circ(\bar{\boldsymbol{Z}}_1^{(k)}-\bar{\boldsymbol{\Lambda}}_1^{(k)})+\beta_0(\bar{\boldsymbol{K}}_v)^*\circ(\bar{\boldsymbol{Z}}_2^{(k)}-\bar{\boldsymbol{\Lambda}}_2^{(k)})+\bar{\boldsymbol{G}}$，整理得

$$\boldsymbol{A}_{11}\circ\bar{\boldsymbol{F}}+\boldsymbol{A}_{12}\circ\bar{\boldsymbol{V}}_x+\boldsymbol{A}_{13}\circ\bar{\boldsymbol{V}}_y=\boldsymbol{B}_1\tag{3-18}$$

对于$\boldsymbol{V}_x$子问题，其子目标函数为

$$J_2=\frac{\beta_0}{2}\left(\left\|\boldsymbol{V}_x+\boldsymbol{Z}_1^{(k)}-\boldsymbol{\Lambda}_1^{(k)}-\boldsymbol{K}_h*\boldsymbol{F}\right\|_2^2\right)+$$
$$\frac{\beta_1}{2}\left[\left\|\boldsymbol{K}_h*\boldsymbol{V}_x-(\boldsymbol{Z}_3^{(k)}-\boldsymbol{\Lambda}_3^{(k)})\right\|_2^2+\left\|\boldsymbol{K}_v*\boldsymbol{V}_x-(\boldsymbol{Z}_5^{(k)}-\boldsymbol{K}_h*\boldsymbol{V}_y-\boldsymbol{\Lambda}_5^{(k)})\right\|_2^2\right]\tag{3-19}$$

同理，对式(3-19)进行FFT，得

$$J_2=\frac{\beta_0}{2}\left(\left\|\bar{\boldsymbol{V}}_x+\bar{\boldsymbol{Z}}_1^{(k)}-\bar{\boldsymbol{\Lambda}}_1^{(k)}-\bar{\boldsymbol{K}}_h\circ\bar{\boldsymbol{F}}\right\|_2^2\right)+$$

$$\frac{\beta_1}{2}\left[\left\|\bar{\boldsymbol{K}}_h \circ \bar{\mathbf{V}}_x-(\bar{\boldsymbol{Z}}_3^{(k)}-\bar{\boldsymbol{\Lambda}}_3^{(k)})\right\|_2^2+\left\|\bar{\boldsymbol{K}}_v \circ \bar{\mathbf{V}}_x-(\bar{\boldsymbol{Z}}_5^{(k)}-\bar{\boldsymbol{K}}_h \circ \bar{\mathbf{V}}_y-\bar{\boldsymbol{\Lambda}}_5^{(k)})\right\|_2^2\right] \tag{3-20}$$

对式(3-20)关于变量 $\bar{\mathbf{V}}_x$ 求偏导，并令其为零，得

$$\frac{\partial J_2}{\partial \bar{\mathbf{V}}_x}=\beta_0(\bar{\mathbf{V}}_x+\bar{\boldsymbol{Z}}_1^{(k)}-\bar{\boldsymbol{\Lambda}}_1^{(k)}-\bar{\boldsymbol{K}}_h \circ \bar{\boldsymbol{F}})+\beta_1\{(\bar{\boldsymbol{K}}_h)^* \circ[\bar{\boldsymbol{K}}_h \circ \bar{\mathbf{V}}_x-(\bar{\boldsymbol{Z}}_3^{(k)}-\bar{\boldsymbol{\Lambda}}_3^{(k)})]+$$
$$(\bar{\boldsymbol{K}}_v)^* \circ[\bar{\boldsymbol{K}}_v \circ \bar{\mathbf{V}}_x-(\bar{\boldsymbol{Z}}_5^{(k)}-\bar{\boldsymbol{K}}_h \circ \bar{\mathbf{V}}_y-\bar{\boldsymbol{\Lambda}}_5^{(k)})]\}=\mathbf{0} \tag{3-21}$$

令 $\boldsymbol{A}_{21}=-\beta_0\bar{\boldsymbol{K}}_h$，$\boldsymbol{A}_{22}=\beta_0\mathbf{1}+\beta_1(\bar{\boldsymbol{K}}_h)^*\circ\bar{\boldsymbol{K}}_h+\beta_1(\bar{\boldsymbol{K}}_v)^*\circ\bar{\boldsymbol{K}}_v$，$\boldsymbol{A}_{23}=\beta_1(\bar{\boldsymbol{K}}_v)^*\circ\bar{\boldsymbol{K}}_h$，$\boldsymbol{B}_2=\beta_0(\bar{\boldsymbol{\Lambda}}_1^{(k)}-\bar{\boldsymbol{Z}}_1^{(k)})+\beta_1[(\bar{\boldsymbol{K}}_h)^*\circ(\bar{\boldsymbol{Z}}_3^{(k)}-\bar{\boldsymbol{\Lambda}}_3^{(k)})+(\bar{\boldsymbol{K}}_v)^*\circ(\bar{\boldsymbol{Z}}_5^{(k)}-\bar{\boldsymbol{\Lambda}}_5^{(k)})]$，整理得

$$\boldsymbol{A}_{21}\circ\bar{\boldsymbol{F}}+\boldsymbol{A}_{22}\circ\bar{\mathbf{V}}_x+\boldsymbol{A}_{23}\circ\bar{\mathbf{V}}_y=\boldsymbol{B}_2 \tag{3-22}$$

对于 $\mathbf{V}_y$ 子问题，子目标函数为

$$J_3=\frac{\beta_0}{2}\left(\left\|\mathbf{V}_y-\boldsymbol{K}_v*\boldsymbol{F}+\boldsymbol{Z}_2^{(k)}-\boldsymbol{\Lambda}_2^{(k)}\right\|_2^2\right)+$$
$$\frac{\beta_1}{2}\left[\left\|\boldsymbol{K}_v*\mathbf{V}_y-(\boldsymbol{Z}_4^{(k)}-\boldsymbol{\Lambda}_4^{(k)})\right\|_2^2+\left\|\boldsymbol{K}_h*\mathbf{V}_y-(\boldsymbol{Z}_5^{(k)}-\boldsymbol{K}_v*\mathbf{V}_x-\boldsymbol{\Lambda}_5^{(k)})\right\|_2^2\right] \tag{3-23}$$

对式(3-23)进行 FFT，得

$$J_3=\beta_0(\bar{\mathbf{V}}_y-\bar{\boldsymbol{K}}_v\circ\bar{\boldsymbol{F}}+\bar{\boldsymbol{Z}}_2^{(k)}-\bar{\boldsymbol{\Lambda}}_2^{(k)})+\beta_1\{(\bar{\boldsymbol{K}}_v)^*\circ[\bar{\boldsymbol{K}}_v\circ\bar{\mathbf{V}}_y-(\bar{\boldsymbol{Z}}_4^{(k)}-\bar{\boldsymbol{\Lambda}}_4^{(k)})]+$$
$$(\bar{\boldsymbol{K}}_h)^*\circ[\bar{\boldsymbol{K}}_h\circ\bar{\mathbf{V}}_y-(\bar{\boldsymbol{Z}}_5^{(k)}-\bar{\boldsymbol{K}}_v\circ\bar{\mathbf{V}}_x-\bar{\boldsymbol{\Lambda}}_5^{(k)})]\} \tag{3-24}$$

令 J_3 关于变量 $\bar{\mathbf{V}}_y$ 求偏导，并置零，得

$$\frac{\partial J_3}{\partial \bar{\mathbf{V}}_y}=\beta_0(\bar{\mathbf{V}}_y-\bar{\boldsymbol{K}}_v\circ\bar{\boldsymbol{F}}+\bar{\boldsymbol{Z}}_2^{(k)}-\bar{\boldsymbol{\Lambda}}_2^{(k)})+\beta_1\{(\bar{\boldsymbol{K}}_v)^*\circ[\bar{\boldsymbol{K}}_v\circ\bar{\mathbf{V}}_y-(\bar{\boldsymbol{Z}}_4^{(k)}-\bar{\boldsymbol{\Lambda}}_4^{(k)})]+$$
$$(\bar{\boldsymbol{K}}_h)^*\circ[\bar{\boldsymbol{K}}_h\circ\bar{\mathbf{V}}_y-(\bar{\boldsymbol{Z}}_5^{(k)}-\bar{\boldsymbol{K}}_v\circ\bar{\mathbf{V}}_x-\bar{\boldsymbol{\Lambda}}_5^{(k)})]\}=\mathbf{0} \tag{3-25}$$

令 $\boldsymbol{A}_{31}=-\beta_0\bar{\boldsymbol{K}}_v$，$\boldsymbol{A}_{32}=\beta_1(\bar{\boldsymbol{K}}_h)^*\circ\bar{\boldsymbol{K}}_v$，$\boldsymbol{A}_{33}=\beta_0\mathbf{1}+\beta_1(\bar{\boldsymbol{K}}_h)^*\circ\bar{\boldsymbol{K}}_h+\beta_1(\bar{\boldsymbol{K}}_v)^*\circ\bar{\boldsymbol{K}}_v$，$\boldsymbol{B}_3=\beta_0(\bar{\boldsymbol{\Lambda}}_2^{(k)}-\bar{\boldsymbol{Z}}_2^{(k)})+\beta_1[(\bar{\boldsymbol{K}}_v)^*\circ(\bar{\boldsymbol{Z}}_4^{(k)}-\bar{\boldsymbol{\Lambda}}_4^{(k)})+(\bar{\boldsymbol{K}}_h)^*\circ(\bar{\boldsymbol{Z}}_5^{(k)}-\bar{\boldsymbol{\Lambda}}_5^{(k)})]$，整理得

$$\boldsymbol{A}_{31}\circ\bar{\boldsymbol{F}}+\boldsymbol{A}_{32}\circ\bar{\mathbf{V}}_x+\boldsymbol{A}_{33}\circ\bar{\mathbf{V}}_y=\boldsymbol{B}_3 \tag{3-26}$$

综合式(3-18)，式(3-22)，式(3-26)得到关于 $\bar{\boldsymbol{F}}$，$\bar{\mathbf{V}}_x$，$\bar{\mathbf{V}}_y$ 三个变量的方程组，即

$$\left.\begin{aligned}\boldsymbol{A}_{11}\circ\bar{\boldsymbol{F}}+\boldsymbol{A}_{12}\circ\bar{\mathbf{V}}_x+\boldsymbol{A}_{13}\circ\bar{\mathbf{V}}_y=\boldsymbol{B}_1\\ \boldsymbol{A}_{21}\circ\bar{\boldsymbol{F}}+\boldsymbol{A}_{22}\circ\bar{\mathbf{V}}_x+\boldsymbol{A}_{23}\circ\bar{\mathbf{V}}_y=\boldsymbol{B}_2\\ \boldsymbol{A}_{31}\circ\bar{\boldsymbol{F}}+\boldsymbol{A}_{32}\circ\bar{\mathbf{V}}_x+\boldsymbol{A}_{33}\circ\bar{\mathbf{V}}_y=\boldsymbol{B}_3\end{aligned}\right\} \tag{3-27}$$

$\boldsymbol{F}$，$\mathbf{V}_x$，$\mathbf{V}_y$ 可以用克莱姆法则和快速反傅里叶变换求解，也即

$$\left.\begin{aligned}\boldsymbol{F}^{(k+1)}&=\boldsymbol{F}^{-1}\left\{\left|\begin{matrix}\boldsymbol{B}_1&\boldsymbol{A}_{12}&\boldsymbol{A}_{13}\\ \boldsymbol{B}_2&\boldsymbol{A}_{22}&\boldsymbol{A}_{23}\\ \boldsymbol{B}_3&\boldsymbol{A}_{32}&\boldsymbol{A}_{33}\end{matrix}\right|_*\Big/\left|\begin{matrix}\boldsymbol{A}_{11}&\boldsymbol{A}_{12}&\boldsymbol{A}_{13}\\ \boldsymbol{A}_{21}&\boldsymbol{A}_{22}&\boldsymbol{A}_{23}\\ \boldsymbol{A}_{31}&\boldsymbol{A}_{32}&\boldsymbol{A}_{33}\end{matrix}\right|_*\right\}\\ \mathbf{V}_x^{(k+1)}&=\boldsymbol{F}^{-1}\left\{\left|\begin{matrix}\boldsymbol{A}_{11}&\boldsymbol{B}_1&\boldsymbol{A}_{13}\\ \boldsymbol{A}_{21}&\boldsymbol{B}_2&\boldsymbol{A}_{23}\\ \boldsymbol{A}_{31}&\boldsymbol{B}_3&\boldsymbol{A}_{33}\end{matrix}\right|_*\Big/\left|\begin{matrix}\boldsymbol{A}_{11}&\boldsymbol{A}_{12}&\boldsymbol{A}_{13}\\ \boldsymbol{A}_{21}&\boldsymbol{A}_{22}&\boldsymbol{A}_{23}\\ \boldsymbol{A}_{31}&\boldsymbol{A}_{32}&\boldsymbol{A}_{33}\end{matrix}\right|_*\right\}\\ \mathbf{V}_y^{(k+1)}&=\boldsymbol{F}^{-1}\left\{\left|\begin{matrix}\boldsymbol{A}_{11}&\boldsymbol{A}_{12}&\boldsymbol{B}_1\\ \boldsymbol{A}_{21}&\boldsymbol{A}_{22}&\boldsymbol{B}_2\\ \boldsymbol{A}_{31}&\boldsymbol{A}_{32}&\boldsymbol{B}_3\end{matrix}\right|_*\Big/\left|\begin{matrix}\boldsymbol{A}_{11}&\boldsymbol{A}_{12}&\boldsymbol{A}_{13}\\ \boldsymbol{A}_{21}&\boldsymbol{A}_{22}&\boldsymbol{A}_{23}\\ \boldsymbol{A}_{31}&\boldsymbol{A}_{32}&\boldsymbol{A}_{33}\end{matrix}\right|_*\right\}\end{aligned}\right\} \tag{3-28}$$

式(3-28)中的除都为按元素点除运算。$\boldsymbol{F}^{-1}$ 表示二维逆快速傅里叶变换算子。其中

$$\begin{vmatrix} \boldsymbol{X}_{11} & \boldsymbol{X}_{12} & \boldsymbol{X}_{13} \\ \boldsymbol{X}_{21} & \boldsymbol{X}_{22} & \boldsymbol{X}_{23} \\ \boldsymbol{X}_{31} & \boldsymbol{X}_{32} & \boldsymbol{X}_{33} \end{vmatrix}_* = \boldsymbol{X}_{11} \circ \boldsymbol{X}_{22} \circ \boldsymbol{X}_{33} + \boldsymbol{X}_{12} \circ \boldsymbol{X}_{23} \circ \boldsymbol{X}_{31} + \boldsymbol{X}_{13} \circ \boldsymbol{X}_{21} \circ \boldsymbol{X}_{32} - \boldsymbol{X}_{13} \circ \boldsymbol{X}_{22} \circ \boldsymbol{X}_{31} - \boldsymbol{X}_{12} \circ \boldsymbol{X}_{21} \circ \boldsymbol{X}_{33} - \boldsymbol{X}_{11} \circ \boldsymbol{X}_{32} \circ \boldsymbol{X}_{23}$$

2. $\boldsymbol{Z}_i(i=1,2,\cdots,5)$ 子问题求解

对于 $\boldsymbol{Z}_1$ 子问题，其目标子函数为

$$J_4 = \mu_0 \varphi(\boldsymbol{Z}_1) + \frac{\beta_0}{2}\left(\left\| \boldsymbol{Z}_1 - (\boldsymbol{K}_h * \boldsymbol{F}^{(k+1)} - \boldsymbol{V}_x^{(k+1)}) - \boldsymbol{\Lambda}_1^{(k)} \right\|_2^2 \right) \tag{3-29}$$

根据式(3-11)，$\boldsymbol{Z}_1$ 的更新公式为

$$\boldsymbol{Z}_{1(n+1)}^{(k+1)} = \mathrm{mat}\left\{ \left[\boldsymbol{I} + \frac{\mu_0}{\beta_0} \boldsymbol{D}^2 (\boldsymbol{Z}_{1(n)}^{(k+1)}) \right]^{-1} \boldsymbol{z}_{1(0)}^{(k+1)} \right\} \tag{3-30}$$

式中，$\boldsymbol{Z}_{1(n)}^{(k)}$ 表示第 k 次外循环，第 n 次内循环(交叠组稀疏收缩迭代循环)迭代更新后的 $\boldsymbol{Z}_1$，且 $\boldsymbol{Z}_{1(0)}^{(k+1)} = (\boldsymbol{K}_h * \boldsymbol{F}^{(k+1)} - \boldsymbol{V}_x^{(k+1)}) + \boldsymbol{\Lambda}_1^{(k)}$，$\boldsymbol{z}_1$ 表示 $\boldsymbol{Z}_1$ 的列向量形式。

同理，$\boldsymbol{Z}_2$，$\boldsymbol{Z}_3$，$\boldsymbol{Z}_4$，$\boldsymbol{Z}_5$ 的更新公式为

$$\left.\begin{aligned} \boldsymbol{Z}_{2(n+1)}^{(k+1)} &= \mathrm{mat}\left\{ \left[\boldsymbol{I} + \frac{\mu_0}{\beta_0} \boldsymbol{D}^2 (\boldsymbol{Z}_{2(n)}^{(k+1)}) \right]^{-1} \boldsymbol{z}_{2(0)}^{(k+1)} \right\} \\ \boldsymbol{Z}_{3(n+1)}^{(k+1)} &= \mathrm{mat}\left\{ \left[\boldsymbol{I} + \frac{\mu_1}{\beta_1} \boldsymbol{D}^2 (\boldsymbol{Z}_{2(n)}^{(k+1)}) \right]^{-1} \boldsymbol{z}_{3(0)}^{(k+1)} \right\} \\ \boldsymbol{Z}_{4(n+1)}^{(k+1)} &= \mathrm{mat}\left\{ \left[\boldsymbol{I} + \frac{\mu_1}{\beta_1} \boldsymbol{D}^2 (\boldsymbol{Z}_{2(n)}^{(k+1)}) \right]^{-1} \boldsymbol{z}_{4(0)}^{(k+1)} \right\} \\ \boldsymbol{Z}_{5(n+1)}^{(k+1)} &= \mathrm{mat}\left\{ \left[\boldsymbol{I} + \frac{\mu_1}{\beta_1} \boldsymbol{D}^2 (\boldsymbol{Z}_{2(n)}^{(k+1)}) \right]^{-1} \boldsymbol{z}_{5(0)}^{(k+1)} \right\} \end{aligned}\right\} \tag{3-31}$$

式中，$\boldsymbol{Z}_{2(0)}^{(k+1)} = (\boldsymbol{K}_v * \boldsymbol{F}^{(k+1)} - \boldsymbol{V}_y^{(k+1)}) + \boldsymbol{\Lambda}_2^{(k)}$，$\boldsymbol{Z}_{3(0)}^{(k+1)} = (\boldsymbol{K}_h * \boldsymbol{V}_x^{(k+1)}) + \boldsymbol{\Lambda}_3^{(k)}$，$\boldsymbol{Z}_{4(0)}^{(k+1)} = (\boldsymbol{K}_v * \boldsymbol{V}_y^{(k+1)}) + \boldsymbol{\Lambda}_4^{(k)}$，$\boldsymbol{Z}_{5(0)}^{(k+1)} = (\boldsymbol{K}_h * \boldsymbol{V}_y^{(k+1)} + \boldsymbol{K}_v * \boldsymbol{V}_x^{(k+1)}) + \boldsymbol{\Lambda}_5^{(k)}$，$\boldsymbol{z}_{i(0)}^{(k+1)} = \mathbf{vec}(\boldsymbol{Z}_{i(0)}^{(k+1)})(i=1,2,\cdots,5)$。

3. $\boldsymbol{\Lambda}_i(i=1,2,\cdots,5)$ 子问题求解

对于 $\boldsymbol{Z}_1$ 的对偶变量 $\boldsymbol{\Lambda}_1$，其目标子函数为

$$J_5 = \max_{\Lambda_1} \beta_0 \langle \boldsymbol{\Lambda}_1, (\boldsymbol{K}_h * \boldsymbol{F}^{(k+1)} - \boldsymbol{V}_x^{(k+1)}) - \boldsymbol{Z}_1^{(k+1)} \rangle \tag{3-32}$$

利用梯度上升法可得其更新公式为

$$\boldsymbol{\Lambda}_1^{(k+1)} = \boldsymbol{\Lambda}_1^{(k)} + \gamma((\boldsymbol{K}_h * \boldsymbol{F}^{(k+1)} - \boldsymbol{V}_x^{(k+1)}) - \boldsymbol{Z}_1^{(k+1)}) \tag{3-33}$$

式中，γ 为学习率。

类似地，对偶变量 $\boldsymbol{\Lambda}_2$，$\boldsymbol{\Lambda}_3$，$\boldsymbol{\Lambda}_4$，$\boldsymbol{\Lambda}_5$ 的更新为

$$\left.\begin{aligned} \boldsymbol{\Lambda}_2^{(k+1)} &= \boldsymbol{\Lambda}_2^{(k)} + \gamma[(\boldsymbol{K}_v * \boldsymbol{F}^{(k+1)} - \boldsymbol{V}_y^{(k+1)}) - \boldsymbol{Z}_2^{(k+1)}] \\ \boldsymbol{\Lambda}_3^{(k+1)} &= \boldsymbol{\Lambda}_3^{(k)} + \gamma[(\boldsymbol{K}_h * \boldsymbol{V}_x^{(k+1)}) - \boldsymbol{Z}_3^{(k+1)}] \\ \boldsymbol{\Lambda}_4^{(k+1)} &= \boldsymbol{\Lambda}_4^{(k)} + \gamma[(\boldsymbol{K}_v * \boldsymbol{V}_y^{(k+1)}) - \boldsymbol{Z}_4^{(k+1)}] \\ \boldsymbol{\Lambda}_5^{(k+1)} &= \boldsymbol{\Lambda}_5^{(k)} + \gamma[(\boldsymbol{K}_h * \boldsymbol{V}_y^{(k+1)} + \boldsymbol{K}_v * \boldsymbol{V}_x^{(k+1)}) - \boldsymbol{Z}_5^{(k+1)}] \end{aligned}\right\} \tag{3-34}$$

至此，提出模型的所有子问题都得以解决。算法详见算法 3-1。

3.3.3　模型的加速重启 ADMM 求解

根据 Goldstein 提出的加速重启 ADMM 算法[101]，引入加速步长 α_i^k，并引入辅助变量 $\hat{\boldsymbol{Z}}_i(i=1,2,\cdots,5)$ 和 $\hat{\boldsymbol{\Lambda}}_i(i=1,2,\cdots,5)$。将式(3-18)，式(3-22)，式(3-26)中的 $\boldsymbol{B}_1$，$\boldsymbol{B}_2$，$\boldsymbol{B}_3$ 改写如下：

$$\left.\begin{aligned}\boldsymbol{B}_1&=\beta_0(\overline{\boldsymbol{K}}_h)*\circ(\overline{\hat{\boldsymbol{Z}}_1^{(k)}}-\overline{\hat{\boldsymbol{\Lambda}}_1^{(k)}})+\beta_0(\overline{\boldsymbol{K}}_v)^*\circ(\overline{\hat{\boldsymbol{Z}}_2^{(k)}}-\overline{\hat{\boldsymbol{\Lambda}}_2^{(k)}})+\overline{\boldsymbol{G}}\\\boldsymbol{B}_2&=\beta_0(\overline{\hat{\boldsymbol{\Lambda}}_1^{(k)}}-\overline{\hat{\boldsymbol{Z}}_1^{(k)}})+\beta_1\{(\overline{\boldsymbol{K}}_h)^*\circ(\overline{\hat{\boldsymbol{Z}}_3^{(k)}}-\overline{\hat{\boldsymbol{\Lambda}}_3^{(k)}})+(\overline{\boldsymbol{K}}_v)^*\circ(\overline{\hat{\boldsymbol{Z}}_5^{(k)}}-\overline{\hat{\boldsymbol{\Lambda}}_5^{(k)}})\}\\\boldsymbol{B}_3&=\beta_0(\overline{\hat{\boldsymbol{\Lambda}}_2^{(k)}}-\overline{\hat{\boldsymbol{Z}}_2^{(k)}})+\beta_1\{(\overline{\boldsymbol{K}}_v)^*\circ(\overline{\hat{\boldsymbol{Z}}_4^{(k)}}-\overline{\hat{\boldsymbol{\Lambda}}_4^{(k)}})+(\overline{\boldsymbol{K}}_h)^*\circ(\overline{\hat{\boldsymbol{Z}}_5^{(k)}}-\overline{\hat{\boldsymbol{\Lambda}}_5^{(k)}})\}\end{aligned}\right\}\tag{3-35}$$

算法 3-1　TGV-OGS 伪代码

输入：观测图像 $\boldsymbol{G}$.

输出：去噪图像 $\boldsymbol{F}$.

初始化：

$K,k=1$，$n=0$，$\boldsymbol{Z}_i^{(k)}=\boldsymbol{0}$，$\boldsymbol{\Lambda}_i^{(k)}=\boldsymbol{0}(i=1,2,\cdots,5)$，$\boldsymbol{F}^{(k)}=\boldsymbol{0}$，$E=1$，$\mu_0$，$\beta_0$，$\mu_1$，$\beta_1$，$\gamma$，tol，Max.

1：While E > tol do

2：利用式(3-28)更新 $\boldsymbol{F}^{(k+1)}$，$\boldsymbol{V}_x^{(k+1)}$，$\boldsymbol{V}_y^{(k+1)}$；

3：While n < Max do

4：利用式(3-30)—式(3-31)更新 $\boldsymbol{Z}_{i(n+1)}^{(k+1)}(i=1,2,\cdots,5)$；

5：$n=n+1$；

6：End while

7：$\boldsymbol{Z}_i^{(k+1)}=\boldsymbol{Z}_{i(n)}^{(k+1)}(i=1,2,\cdots,5)$；

8：利用式(3-33)—式(3-34)更新 $\boldsymbol{\Lambda}_i^{(k+1)}(i=1,2,\cdots,5)$；

9：$E=\left\|\boldsymbol{F}^{(k+1)}-\boldsymbol{F}^{(k)}\right\|_2/\left\|\boldsymbol{F}^{(k)}\right\|_2$

10：$k=k+1$；

11：End while

12：Return $\boldsymbol{F}^{(k)}$ as $\boldsymbol{F}$.

$\boldsymbol{Z}_i(i=1,2,\cdots,5)$ 子问题的更新改变如下：

$$\left.\begin{aligned}\boldsymbol{Z}_{1(n+1)}^{(k+1)}&=\operatorname{mat}\left\{\left[\boldsymbol{I}+\frac{\mu_0}{\beta_0}\boldsymbol{D}^2(\boldsymbol{Z}_{2(n)}^{(k+1)})\right]^{-1}\boldsymbol{z}_{1(0)}^{(k+1)}\right\}\\\boldsymbol{Z}_{2(n+1)}^{(k+1)}&=\operatorname{mat}\left\{\left[\boldsymbol{I}+\frac{\mu_0}{\beta_0}\boldsymbol{D}^2(\boldsymbol{Z}_{2(n)}^{(k+1)})\right]^{-1}\boldsymbol{z}_{2(0)}^{(k+1)}\right\}\\\boldsymbol{Z}_{3(n+1)}^{(k+1)}&=\operatorname{mat}\left\{\left[\boldsymbol{I}+\frac{\mu_1}{\beta_1}\boldsymbol{D}^2(\boldsymbol{Z}_{2(n)}^{(k+1)})\right]^{-1}\boldsymbol{z}_{3(0)}^{(k+1)}\right\}\\\boldsymbol{Z}_{4(n+1)}^{(k+1)}&=\operatorname{mat}\left\{\left[\boldsymbol{I}+\frac{\mu_1}{\beta_1}\boldsymbol{D}^2(\boldsymbol{Z}_{2(n)}^{(k+1)})\right]^{-1}\boldsymbol{z}_{4(0)}^{(k+1)}\right\}\\\boldsymbol{Z}_{5(n+1)}^{(k+1)}&=\operatorname{mat}\left\{\left[\boldsymbol{I}+\frac{\mu_1}{\beta_1}\boldsymbol{D}^2(\boldsymbol{Z}_{2(n)}^{(k+1)})\right]^{-1}\boldsymbol{z}_{5(0)}^{(k+1)}\right\}\end{aligned}\right\}\tag{3-36}$$

式中，$\boldsymbol{Z}_{1(0)}^{(k+1)}=(\boldsymbol{K}_h*\boldsymbol{F}^{(k+1)}-\boldsymbol{V}_x^{(k+1)})+\hat{\boldsymbol{\Lambda}}_1^{(k)}$，$\boldsymbol{Z}_{2(0)}^{(k+1)}=(\boldsymbol{K}_v*\boldsymbol{F}^{(k+1)}-\boldsymbol{V}_y^{(k+1)})+\hat{\boldsymbol{\Lambda}}_2^{(k)}$，$\boldsymbol{Z}_{3(0)}^{(k+1)}=(\boldsymbol{K}_h*\boldsymbol{V}_x^{(k+1)})+\hat{\boldsymbol{\Lambda}}_3^{(k)}$，$\boldsymbol{Z}_{4(0)}^{(k+1)}=(\boldsymbol{K}_v*\boldsymbol{V}_y^{(k+1)})+\hat{\boldsymbol{\Lambda}}_4^{(k)}$，$\boldsymbol{Z}_{5(0)}^{(k+1)}=(\boldsymbol{K}_h*\boldsymbol{V}_y^{(k+1)}+\boldsymbol{K}_v*\boldsymbol{V}_x^{(k+1)})+\hat{\boldsymbol{\Lambda}}_5^{(k)}$。

根据加速 ADMM 算法框架，$\boldsymbol{\Lambda}_i^{(k+1)}(i=1,2,\cdots,5)$ 子问题的更新如下：

$$\left.\begin{aligned}
\boldsymbol{\Lambda}_1^{(k+1)}&=\hat{\boldsymbol{\Lambda}}_2^{(k)}+\gamma((\boldsymbol{K}_h*\boldsymbol{F}^{(k+1)}-\boldsymbol{V}_x^{(k+1)})-\boldsymbol{Z}_1^{(k+1)})\\
\boldsymbol{\Lambda}_2^{(k+1)}&=\hat{\boldsymbol{\Lambda}}_2^{(k)}+\gamma((\boldsymbol{K}_v*\boldsymbol{F}^{(k+1)}-\boldsymbol{V}_y^{(k+1)})-\boldsymbol{Z}_2^{(k+1)})\\
\boldsymbol{\Lambda}_3^{(k+1)}&=\hat{\boldsymbol{\Lambda}}_3^{(k)}+\gamma((\boldsymbol{K}_h*\boldsymbol{V}_x^{(k+1)})-\boldsymbol{Z}_3^{(k+1)})\\
\boldsymbol{\Lambda}_4^{(k+1)}&=\hat{\boldsymbol{\Lambda}}_4^{(k)}+\gamma((\boldsymbol{K}_v*\boldsymbol{V}_y^{(k+1)})-\boldsymbol{Z}_4^{(k+1)})\\
\boldsymbol{\Lambda}_5^{(k+1)}&=\hat{\boldsymbol{\Lambda}}_5^{(k)}+\gamma((\boldsymbol{K}_h*\boldsymbol{V}_y^{(k+1)}+\boldsymbol{K}_v*\boldsymbol{V}_x^{(k+1)})-\boldsymbol{Z}_5^{(k+1)})
\end{aligned}\right\}\tag{3-37}$$

考虑到去噪问题为非强凸问题，若仅仅引入加速步骤，算法是无法收敛的，因此还需要引入加速重启步骤。重启规则依赖于原始残差与对偶残差的组合是否满足式(3-38)，满足时，不重启，否则重启 ADMM 算法。

$$c_i^{(k)}<\eta c_i^{(k-1)},\ i=1,2,\cdots,5\tag{3-38}$$

式中，η 为一个接近于 1 的数，为减少重启频率，取 $\eta=0.96$。$c_i^{(k)}=\beta^{-1}\left\|\boldsymbol{\Lambda}_i^{(k)}-\hat{\boldsymbol{\Lambda}}_i^{(k)}\right\|_2^2+\beta\left\|\boldsymbol{Z}_i^{(k)}-\hat{\boldsymbol{Z}}_i^{(k)}\right\|_2^2$ 表示原始残差与对偶残差的和。

在不重启的情况下，加速步长 $\varepsilon_i^{(k+1)}$、辅助变量 $\hat{\boldsymbol{Z}}_i(i=1,2,\cdots,5)$ 和 $\hat{\boldsymbol{\Lambda}}_i(i=1,2,\cdots,5)$ 的迭代公式如下：

$$\left.\begin{aligned}
\varepsilon_i^{(k+1)}&=\frac{1+\sqrt{1+4\,(\varepsilon_i^{(k)})^2}}{2},\ i=1,2,\cdots,5\\
\hat{\boldsymbol{Z}}_i^{(k+1)}&=\boldsymbol{Z}_i^{(k+1)}+\frac{\varepsilon_i^{(k)}-1}{\varepsilon_i^{(k+1)}}(\boldsymbol{Z}_i^{(k+1)}-\boldsymbol{Z}_i^{(k)}),\ i=1,2,\cdots,5\\
\hat{\boldsymbol{\Lambda}}_i^{(k+1)}&=\boldsymbol{\Lambda}_i^{(k+1)}+\frac{\varepsilon_i^{(k)}-1}{\varepsilon_i^{(k+1)}}(\boldsymbol{\Lambda}_i^{(k+1)}-\boldsymbol{\Lambda}_i^{(k)}),\ i=1,2,\cdots,5
\end{aligned}\right\}\tag{3-39}$$

若重启算法，则需要将下列变量重置。

$$\left.\begin{aligned}
\varepsilon_i^{(k+1)}&=1\\
\hat{\boldsymbol{Z}}_i^{(k+1)}&=\boldsymbol{Z}_i^{(k+1)}\\
\hat{\boldsymbol{\Lambda}}_i^{(k+1)}&=\boldsymbol{\Lambda}_i^{(k+1)}\\
c_i^{(k+1)}&=\eta^{-1}c_i^{(k)},\ i=1,2,\cdots,5
\end{aligned}\right\}\tag{3-40}$$

完整算法如下：

算法 3-2　带重启快速 TGV-OGS 去噪方法伪代码

输入：观测图像 $\boldsymbol{G}$.

输出：去噪图像 $\boldsymbol{F}$.

初始化：

$K,k=1,n=0,\boldsymbol{Z}_i^{(k)}=\boldsymbol{0}$，$\Lambda_i^{(k)}=\boldsymbol{0}(i=1,2,\cdots,5)$，$\boldsymbol{F}^{(k)}=\boldsymbol{0}$，$E=1,\varepsilon_i^{(k)}=1$，

μ_0，μ_1，β，tol，Max，η.

1：While E $>$ tol do

2：如式(3-35) 更新 $\boldsymbol{B}_1,\boldsymbol{B}_2,\boldsymbol{B}_3$；

3：如式(3-28)更新 $\boldsymbol{F}^{(k+1)}, \boldsymbol{V}_x^{(k+1)}, \boldsymbol{V}_y^{(k+1)}$；

4：While n < Max do

5：如式(3-36)更新 $\boldsymbol{Z}_{i(n+1)}^{(k+1)}(i=1,2,\cdots,5)$；

6：$\boldsymbol{Z}_i^{(k+1)} = \boldsymbol{Z}_{i(n+1)}^{(k+1)}(i=1,2,\cdots,5)$；

7：$n=n+1$；

8：End while

9：如式(3-37)更新 $\boldsymbol{\Lambda}_i^{(k+1)}(i=1,2,\cdots,5)$；

10：$c_i^{(k+1)} = \beta^{-1}\left\|\boldsymbol{\Lambda}_i^{(k+1)} - \hat{\boldsymbol{\Lambda}}_i^{(k+1)}\right\|_2^2 + \beta\left\|\boldsymbol{Z}_i^{(k+1)} - \hat{\boldsymbol{Z}}_i^{(k+1)}\right\|_2^2 (i=1,2,\cdots,5)$；

11：If $c_i^{(k+1)} < \eta c_i^{(k)}(i=1,2,\cdots,5)$ then

12：$\alpha_i^{(k+1)} = \dfrac{1+\sqrt{1+4\left(\alpha_i^{(k)}\right)^2}}{2}(i=1,2,\cdots,5)$；

13：$\hat{\boldsymbol{Z}}_i^{(k+1)} = \boldsymbol{Z}_i^{(k+1)} + \dfrac{\alpha_i^{(k)}-1}{\alpha_i^{(k+1)}}(\boldsymbol{Z}_i^{(k+1)} - \boldsymbol{Z}_i^{(k)})(i=1,2,\cdots,5)$；

14：$\hat{\boldsymbol{\Lambda}}_i^{(k+1)} = \boldsymbol{\Lambda}_i^{(k+1)} + \dfrac{\alpha_i^{(k)}-1}{\alpha_i^{(k+1)}}(\boldsymbol{\Lambda}_i^{(k+1)} - \boldsymbol{\Lambda}_i^{(k)})(i=1,2,\cdots,5)$；

15：Else

16：$\alpha_i^{(k+1)}=1,\ \hat{\boldsymbol{Z}}_i^{(k+1)} = \boldsymbol{Z}_i^{(k+1)},\ \hat{\boldsymbol{\Lambda}}_i^{(k+1)} = \boldsymbol{\Lambda}_i^{(k+1)},\ c_i^{(k+1)} = \eta^{-1}c_i^{(k)}(i=1,2,\cdots,5)$；

17：End if

18：$E = \left\|\boldsymbol{F}^{(k+1)} - \boldsymbol{F}^{(k)}\right\|_2 \Big/ \left\|\boldsymbol{F}^{(k)}\right\|_2$

19：$k=k+1$；

20：End while

21：Return $\boldsymbol{F}^{(k)}$ as $\boldsymbol{F}$.

3.4　实　　验

本节将提出算法应用于地震信号中，并通过 PSNR[详见式(2-35)]，SSIM[详见式(2-36)]以及运行时间客观评价提出算法的去噪性能，并与 ATV 去噪方法、ATV-OGS 方法以及基于 ADMM 和 L1 范数约束的 TGV 去噪方法做全面对比。

3.4.1　实验平台与评价指标

本章采用 Matlab 2016 软件平台完成所有实验。PSNR，SSIM 定义详见第 2 章式(2-35)～式(2-36)。本章涉及地震数据被归一化到 $-255 \sim 255$。SSIM 的参数设定为 $L=512, k_1=0.05, k_2=0.05$。

本节实验中，需要对比四种算法，分别是 ATV，ATV-OGS，TGV 以及 TGV-OGS。为保证评价的客观性和公平性，上述算法停止迭代条件规定为

$$\frac{\left\| \boldsymbol{F}^{(k+1)} - \boldsymbol{F}^{(k)} \right\|_2}{\left\| \boldsymbol{F}^{(k)} \right\|_2} < 10^{-4} \tag{3-41}$$

3.4.2 合成地震信号去噪性能对比测试

1. 交叠组稀疏正则项效果测试

本节给出合成地震记录，该记录由 20 Hz 雷克子波与人工合成反射系数卷积获得。本节实验旨在验证交叠组稀疏正则项的有效性。在合成记录中加入均值为零、标准差为 σ 的高斯白噪声。本节中，分别测试了下列算法，ATV 方法、ATV-OGS 方法、TGV 方法以及本章提出的基于交叠组稀疏收缩的改进 TGV 去噪方法。测试结果如表 3-1 所示，各项指标最优值用黑色粗体标出。表 3-1 实验中，设定 $K=3$。表 3-2 中，将参数 K 加以调整，观察参数对算法性能的影响，从表 3-2 可以看出，当该参数取到 7 时，去噪性能远远超过 $K=3$ 时的性能。从表 3-1 中可以看到，交叠组稀疏正则项不仅仅对 ATV 算法性能有所改进，而且对 TGV 去噪能力有较大的提高。从表 3-2 中可以看到，当 K 取相同值时，TGV-OGS 方法与其快速方法(TGV-OGS in the Fast framework，TGV-OGS-FAST) 方法的效果差不多，但是运算时间则大大减少。在表 3-2 中，随着 K 的取值增大，TGV-OGS-FAST 方法的去噪性能不断提高。在噪声较小时($\sigma \leqslant 30$)，TGV-OGS-FAST 方法的 PSNR 能超过 TGV 方法 1 dB 以上。但是当噪声较大时，TGV-OGS-FAST 方法得到的 PSNR 超过 TGV 方法 0.615 dB，这是因为当噪声时，领域信息也被严重污染。

表 3-1 算法性能测试表

σ	输入信号 SNR/dB	方法	输出信号去噪指标			
			SNR/dB	PSNR/dB	SSIM	时间/s
10	12.852 6	ATV	18.576 4	34.104 3	0.990 9	**1.44**
		ATV-OGS	20.219 4	35.747 3	0.993 9	2.98
		TGV	20.351 6	35.879 5	0.995 0	12.45
		TGV-OGS(K=3)	**21.652 4**	**37.180 3**	**0.995 0**	21.58
20	6.876 3	ATV	14.686 4	29.507 7	0.977 8	**2.73**
		ATV-OGS	16.434 5	31.255 8	0.982 7	3.41
		TGV	16.836 2	31.657 5	0.986 4	9.33
		TGV-OGS(K=3)	**17.646 7**	**32.468 0**	**0.987 5**	18.44
30	3.355 5	ATV	12.606 0	27.501 6	0.960 3	**2.59**
		ATV-OGS	13.887 2	28.782 8	0.9709	4.97
		TGV	14.453 5	29.349 1	0.972 3	9.67
		TGV-OGS(K=3)	**15.153 3**	**30.048 9**	**0.974 8**	19.80
40	0.864 4	ATV	10.948 4	26.042 7	0.940 7	**2.94**
		OGSTV	12.042 3	27.136 6	0.951 3	5.13
		TGV	12.663 9	27.758 2	0.961 0	12.20
		TGV-OGS(K=3)	**13.181 3**	**28.275 6**	**0.962 2**	21.67

注：加粗数字表示指标最优。

表 3－2　算法性能测试表

σ	输入信号 SNR/dB	方法	输出信号去噪指标			
			SNR/dB	PSNR/dB	SSIM	时间/s
10	12.852 6	TGV-OGS(K=3)	21.652 4	37.180 3	0.995 0	21.58
		TGV-OGS-FAST(K=3)	21.707 0	37.234 9	0.995 5	7.11
		TGV-OGS-FAST(K=5)	21.875 8	37.403 4	0.996 0	5.98
		TGV-OGS-FAST(K=7)	**22.171 7**	**37.699 6**	**0.996 2**	6.66
20	6.876 3	TGV-OGS(K=3)	17.646 7	32.468 0	0.987 5	18.44
		TGV-OGS-FAST(K=3)	17.867 7	32.689 0	0.987 9	5.95
		TGV-OGS-FAST(K=5)	18.145 9	32.967 2	0.987 0	4.41
		TGV-OGS-FAST(K=7)	**18.229 6**	**33.050 9**	**0.988 4**	5.34
30	3.355 5	TGV-OGS(K=3)	15.153 3	30.048 9	0.974 8	19.80
		TGV-OGS-FAST(K=3)	15.222 0	30.117 6	0.976 5	14.64
		TGV-OGS-FAST(K=5)	15.399 0	30.294 6	0.975 8	15.19
		TGV-OGS-FAST(K=7)	15.520 8	30.416 4	0.977 2	18.17
40	0.864 4	TGV-OGS(K=3)	13.181 3	28.275 8	0.962 2	21.67
		TGV-OGS-FAST(K=3)	13.154 7	28.249 2	0.960 4	15.30
		TGV-OGS-FAST(K=5)	13.265 6	28.360 1	0.960 4	16.78
		TGV-OGS-FAST(K=7)	**13.278 2**	**28.372 7**	**0.963 9**	18.88

注：加粗表示指标最优。

图 3－1 中展示 σ=30 时，上述四种算法的去噪效果。观察图 3－1 子图中被方框框出区域的放大图片，该区域是平滑区域，ATV 去噪方法[图 3－1(f)]在该区域有比较明显的阶梯效应。而利用 ATV-OGS 方法[图 3－1(h)]一定程度抑制了阶梯效应，但是，ATV-OGS 方法并没有完全抑制 ATV 的阶梯效应。对比图 3－1(f)与图 3－1(h)，可以看到在大幅度噪声污染的位置，ATV-OGS 相比于 ATV，对大幅度噪声[详见图 3－1(h)左上角位置]有更佳的抑制效果。然而，在放大区域中，这个大幅度噪声并没有被完全去除。再观察 TGV 的去噪效果，从图 3－1(j)可以看到，TGV 方法也一定程度抑制了 ATV 的阶梯效应，而高噪声污染点的去除效果甚至不如 ATV-OGS。最后观察图 3－1(l)，可以看到，本章提出方法较好地去除了放大区域的大幅度噪声点，并且非常好地抑制了阶梯效应。

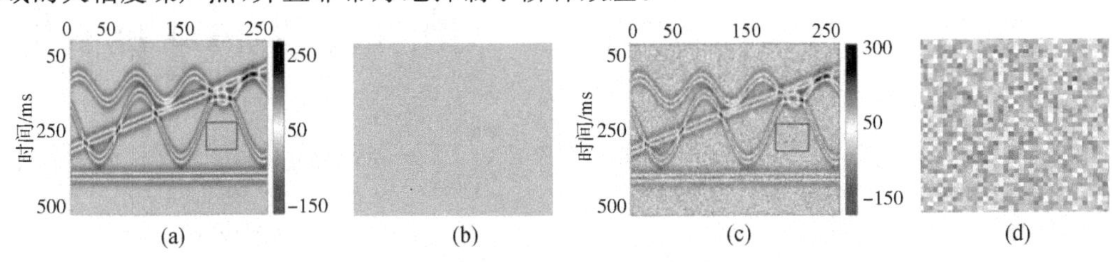

图 3－1　四种去噪算法去噪效果图

(a)原图；(b)原图的区域放大图；(c)带噪声图；(d)带噪声图的局部放大图

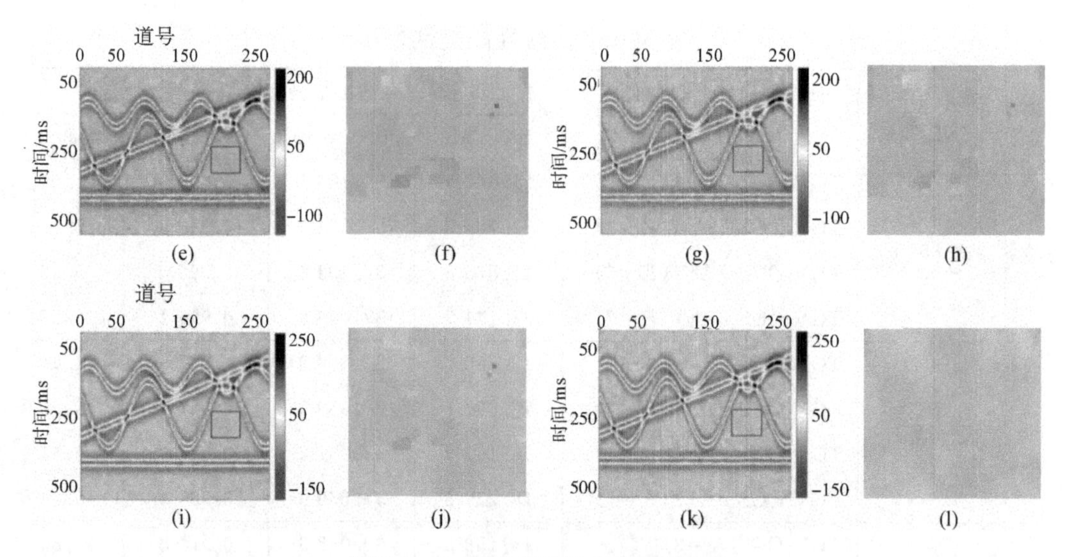

续图 3-1 四种去噪算法去噪效果图

(e)ATV 去噪结果;(f)ATV 去噪图的局部放大图;(g)ATV-OGS 去噪结果;
(h)ATV-OGS 去噪结果的局部放大图;(i)TGV 去噪结果;(j)TGV 去噪结果的局部放大图;
(k)TGV-OGV-FAST($K=7$)去噪结果;(l)TGV-OGV-FAST($K=7$)去噪结果的局部放大图

为进一步观察去噪效果,将图 3-1 中各种方法的去噪结果中,各抽取一道信号加以观察对比,如图 3-2 所示。

从图 3-2(c)可以看到,ATV 存在明显的阶梯效应。如图 3-2(d)所示,交叠组稀疏正则项较好地缓解 ATV 的阶梯效应,但是仍然存在较多毛刺。观察图 3-2(b)的第 450 ms 位置,显然,这个点是被高噪声污染的点。对比图 3-2(c)与图 3-2(d),可以发现,在 450 ms 位置,ATV-OGS 对噪声的抑制效果好于 ATV。再观察图 3-2(e),可以看到,TGV 也没有去除 450 ms 位置的大幅度噪声。本章提出的方法在 TGV 理论框架上结合了交叠组稀疏收缩方法,从而挖掘了数据邻域梯度的结构信息,将两者的优点充分结合,大幅提高了信号的重构质量。显然,从图 3-2(f)中可以看到,本章提出方法在 450 ms 处较好地去除了高噪声。

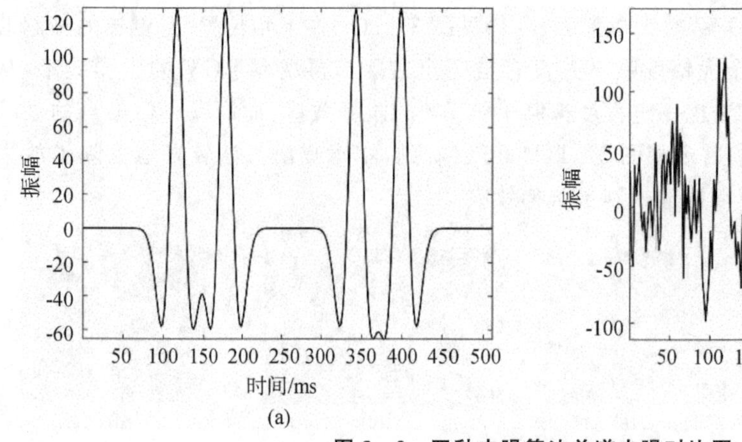

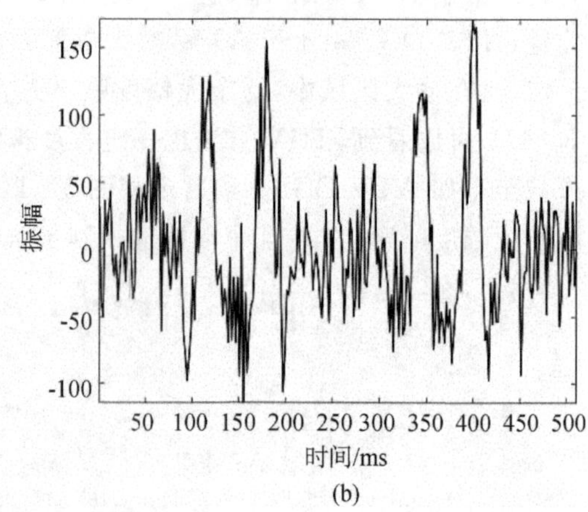

图 3-2 四种去噪算法单道去噪对比图

(a)原图;(b)带噪声图;

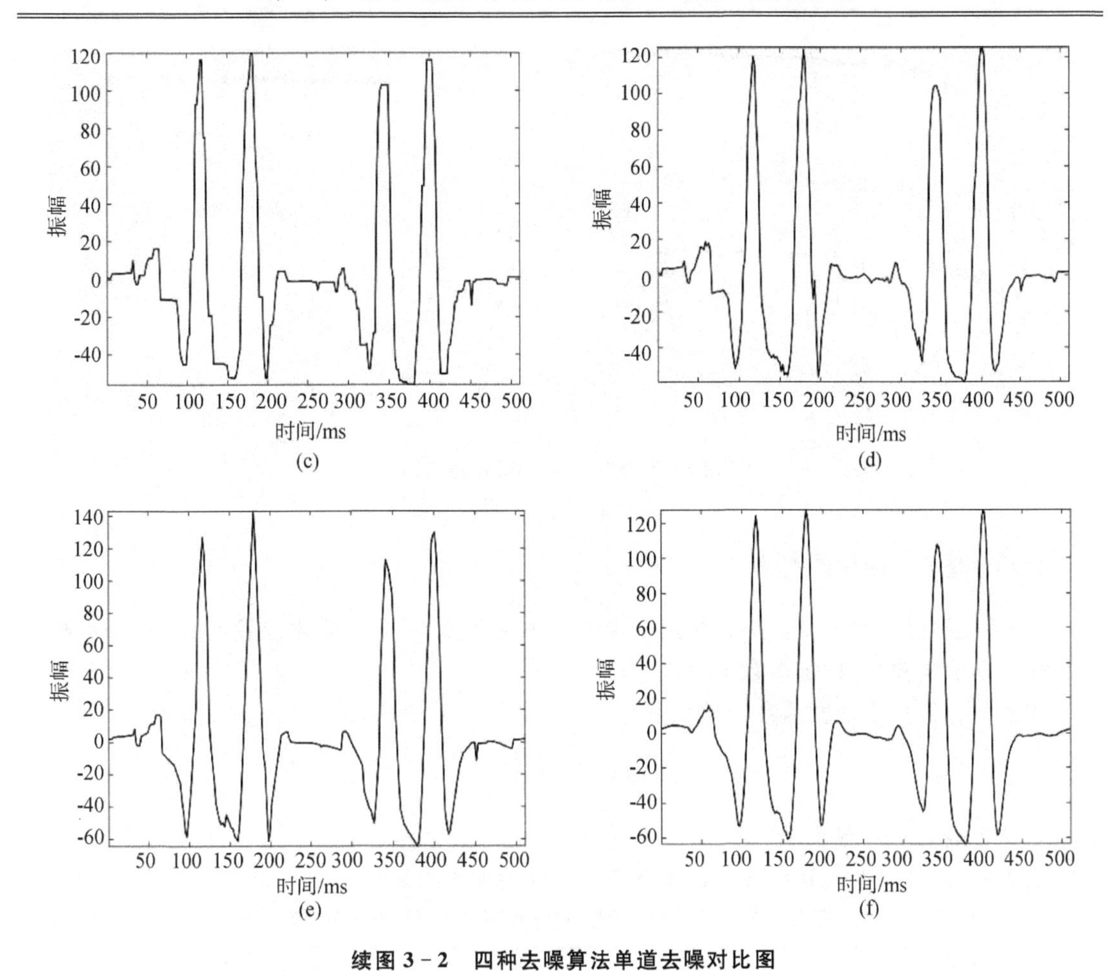

续图 3-2　四种去噪算法单道去噪对比图

(c) ATV 去噪结果；(d) ATV-OGS 去噪结果；(e) TGV 去噪结果；(f) TGV-OGV-FAST 去噪结果

通过上述实验，得出如下结论，各向异性交叠组稀疏去噪方法能有效利用图像一阶梯度的结构特性，而广义全变分模型中存在一阶和二阶图像梯度，这些梯度同样含有邻域结构相似性，将交叠组稀疏正则项与 TGV 模型充分结合，挖掘高阶梯度的邻域结构相似性，可以进一步提升了 TGV 模型的去噪能力。

2. 参数敏感性分析

本节对提出算法的交叠组合数 K 进行测试对比，以评价其对算法的影响。本节采用 PSNR 和 SSIM 两个指标对算法进行客观评价，针对不同噪声水平，将从 1～13 连续变化，并记录 PSNR 和 SSIM 值，详见图 3-3。

从图 3-3 可以看到，随着 K 的增大，在不同噪声下，K 对 PSNR 和 SSIM 起到的作用是不一样的，显然，在低噪声的时候($\sigma=10$)，当 K 取到 11 时，PSNR 和 SSIM 都达到峰值，若 K 继续加大，PSNR 开始回落。可见，当噪声较低的时候，图像的邻域信息对算法性能起到正面作用。然而，K 也不宜取得过大，否则可能会取到邻域中图像变化剧烈的区域，这种情况下，PSNR 和 SSIM 就要下降。而当噪声较大时，邻域梯度的结构特性被破坏得比较严重，这种情况下，K 稍大就会导致算法性能下降。

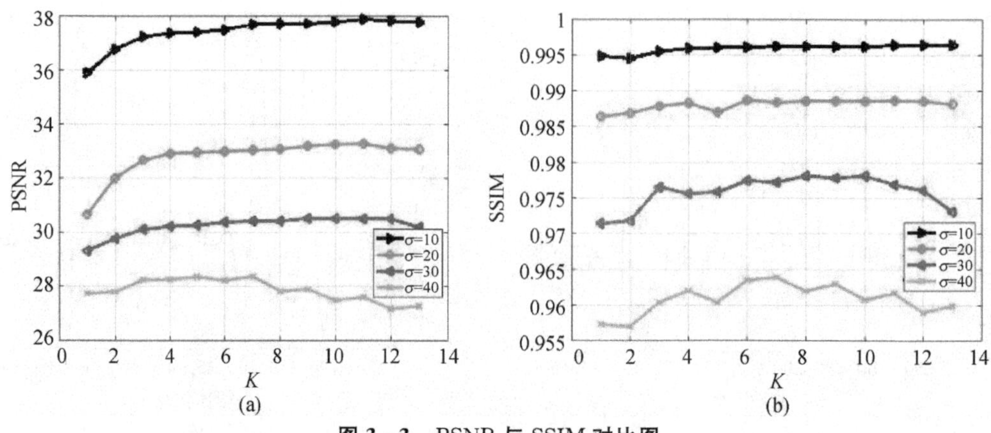

图 3-3　PSNR 与 SSIM 对比图

(a)不同 K 的 PSNR；(b)不同 K 的 SSIM

3. 其他噪声下的性能测试

不失一般性地，本节将提出方法用于指数分布噪声、瑞利分布噪声以及 Gamma 分布噪声的去除。本节实验中，设定参数 $K=7$。

指数分布的概率密度函数定义如下：

$$f(x)=\begin{cases}\lambda \mathrm{e}^{-\lambda x}, & x\geqslant 0\\ 0, & x<0\end{cases} \tag{3-42}$$

其中，λ 表示指数分布参数。

表 3-3 记录了指数分布噪声条件下各种算法的去噪指标。

表 3-3　指数分布噪声条件下算法性能测试表

λ	输入信号 SNR/dB	方法	输出信号去噪指标			
			SNR/dB	PSNR/dB	SSIM	时间/s
2	23.859 7	ATV	25.130 1	40.361 5	0.994 8	**0.88**
		ATV-OGS	25.476 6	40.708 0	0.995 0	1.88
		TGV	25.513 9	40.745 3	0.995 1	1.75
		TGV-OGS-FAST	**25.771 1**	**41.002 5**	**0.995 1**	9.52
4	17.839 4	ATV	19.322 6	34.608 5	0.980 2	**0.95**
		ATV-OGS	19.679 9	34.965 8	0.981 2	1.97
		TGV	19.776 7	35.062 6	0.981 6	2.30
		TGV-OGS-FAST	**20.033 4**	**35.315 3**	**0.982 1**	15.72
8	11.880 7	ATV	13.591 5	28.827 3	0.928 7	**1.17**
		ATV-OGS	14.027 2	29.263 0	0.932 1	2.08
		TGV	14.124 7	29.360 5	0.931 4	4.25
		TGV-OGS-FAST	**14.247 9**	**29.483 7**	**0.932 4**	13.47
12	8.347	ATV	10.046 6	25.291 2	0.840 2	**0.97**
		ATV-OGS	10.577 4	25.822 0	0.856 1	2.22
		TGV	10.692 1	25.936 7	0.856 1	4.84
		TGV-OGS-FAST	**10.792 9**	**26.037 5**	**0.859 7**	8.36

注：加粗表示指标最优。

从表 3 - 3 可以看到，在指数噪声条件下，本章提出方法相比于 ATV、ATV-OGS、TGV 模型，依然能够获得较好的去噪性能。图 3 - 4 展示指数分布噪声($\lambda=2$)下，不同模型的去噪效果。如图 3 - 4(b)所示，在 250～300 ms 之间，被一噪声重度污染，ATV、ATV-OGS、TGV 三种模型都只能一定程度降低该噪声幅度，而本章提出方法则较为彻底地去除了该噪声，如图 3 - 4(f)所示。

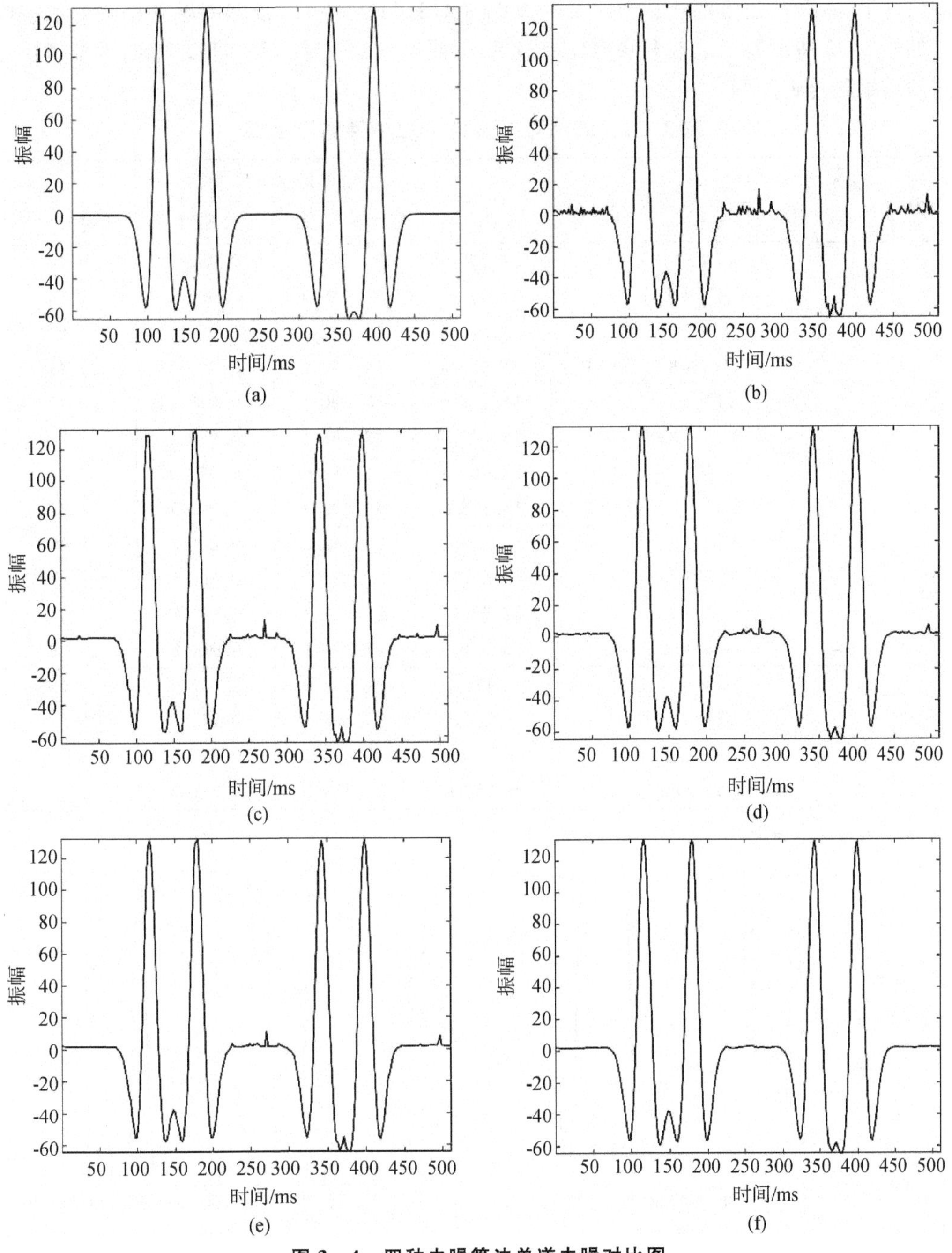

图 3 - 4　四种去噪算法单道去噪对比图

(a)原图；(b)带噪声图；(c)ATV 去噪结果；(d)ATV-OGS 去噪结果；
(e)TGV 去噪结果；(f)TGV-OGV-FAST 去噪结果

不失一般性，本章还在瑞利噪声背景下对各类算法进行比较。瑞利噪声概率密度函数定义如下：

$$f(x)=\frac{x}{\sigma^2}\mathrm{e}^{-\frac{x^2}{2\sigma^2}},\ x\geqslant 0 \tag{3-43}$$

表 3-4 记录了瑞利噪声背景下，各种去噪方法的评价指标。从表 3-4 可以看到，在瑞利噪声条件下，本章提出方法相比于 ATV，ATV-OGS，TGV 模型，依然能够获得较好的去噪性能。如图 3-5 所示展示了瑞利噪声($\sigma=2$)下，不同模型的去噪结果，可以看到，本章提出方法得到的结果最接近原图。

表 3-4 瑞利噪声条件下算法性能测试表

σ	输入信号 SNR/dB	方法	输出信号去噪指标			
			SNR/dB	PSNR/dB	SSIM	时间/s
2	23.864 2	ATV	24.336 0	39.578 8	0.993 1	**0.78**
		ATV-OGS	24.435 2	39.678 0	0.993 2	1.94
		TGV	24.419 3	39.662 1	0.993 2	1.84
		TGV-OGS-FAST	**24.535 6**	**39.778 4**	**0.993 2**	11.41
4	17.829 5	ATV	18.339 6	33.590 4	0.972 9	**0.97**
		ATV-OGS	18.517 3	33.768 1	0.973 2	1.92
		TGV	18.465 8	33.716 6	0.973 0	2.77
		TGV-OGS-FAST	**18.558 0**	**33.808 8**	**0.973 3**	12.17
8	11.785 0	ATV	12.388 1	27.643 0	0.899 3	**1.20**
		ATV-OGS	12.576 1	27.831 0	0.900 6	1.84
		TGV	12.587 4	27.842 3	0.900 2	3.44
		TGV-OGS-FAST	**12.618 3**	**27.873 2**	**0.900 8**	16.16
12	8.297 4	ATV	8.951 4	24.245 0	0.796 0	**1.23**
		ATV-OGS	9.015 3	24.308 9	0.797 1	2.67
		TGV	9.057 6	24.351 2	0.796 3	3.23
		TGV-OGS-FAST	**9.146 1**	**24.439 7**	**0.799 3**	12.52

注：加粗表示指标最优。

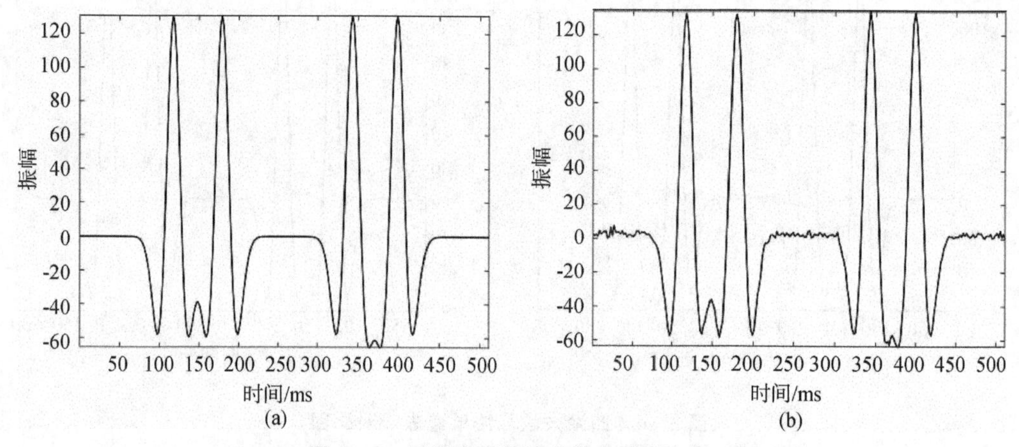

图 3-5 四种去噪算法单道去噪对比图

(a)原图；(b)带噪声图；

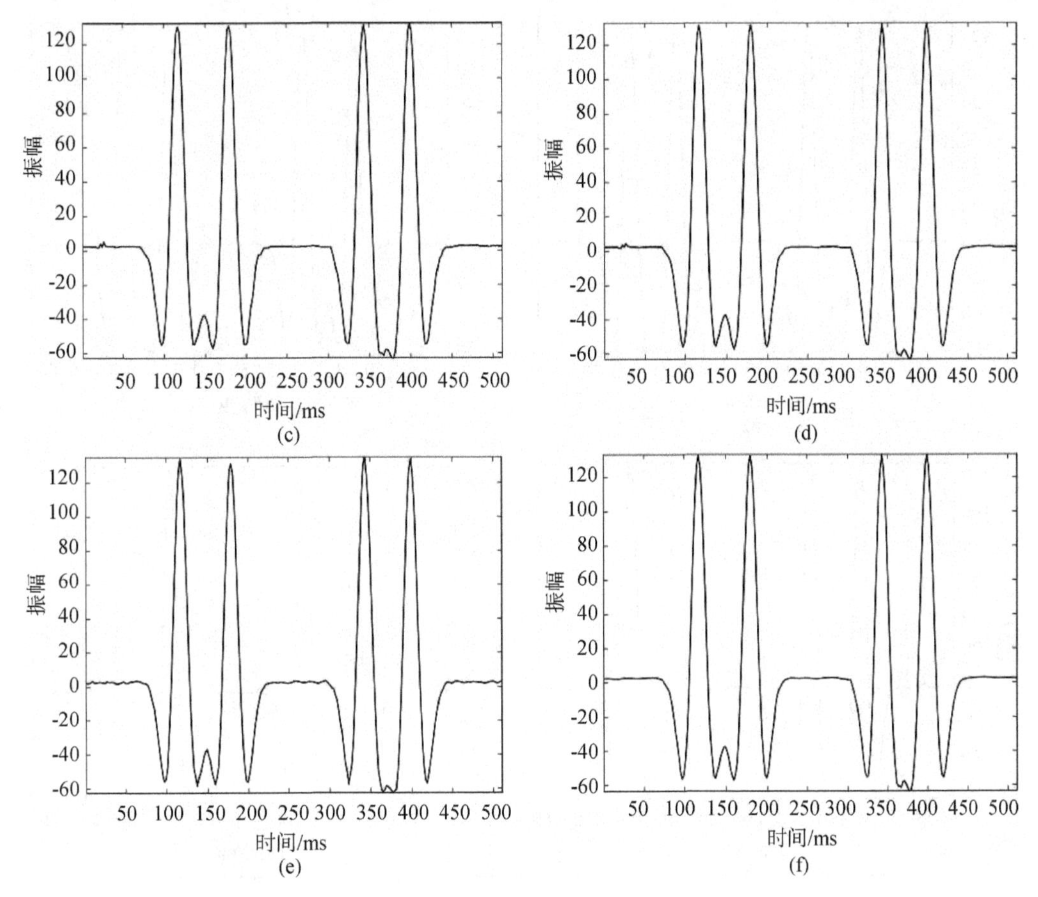

续图 3-5　四种去噪算法单道去噪对比图

(c)ATV 去噪结果;(d)ATV-OGS 去噪结果;

(e)TGV 去噪结果;(f)TGV-OGV-FAST 去噪结果

下面再给出一组基于 Gamma 噪声的实验。Gamma 噪声的概率密度定义为

$$f(x)=\begin{cases}\dfrac{\beta^{\alpha}}{\Gamma(\alpha)}(x-c)^{\alpha-1}\mathrm{e}^{-\beta(x-c)}, & x>c\\ 0, & x\leqslant c\end{cases} \tag{3-44}$$

式中,$\Gamma(\alpha)=\int_0^{\infty}t^{\alpha-1}\mathrm{e}^{-t}\mathrm{d}t$。在本节中,取参数 $c=0.1$,$\alpha=2$,仅仅改变参数 β。

图 3-6 展示了在 Gamma 噪声($\alpha=2$, $\beta=80$)的前提下不同方法的去噪效果。从图 3-6(b)中可以看出,被 Gamma 噪声污染的信号中出现了很多尖峰,而 ATV,ATV-OGS,TGV 都只能一定程度地降低尖峰的幅度,只有本章提出方法将大部分尖峰去除干净,如图 3-6(f)所示。可见,基于交叠组稀疏正则项的改进 TGV 模型对尖峰噪声更加鲁棒,能够更好地还原信号。表 3-5 展示了不同算法在 Camma 噪声条件下的算法性能。

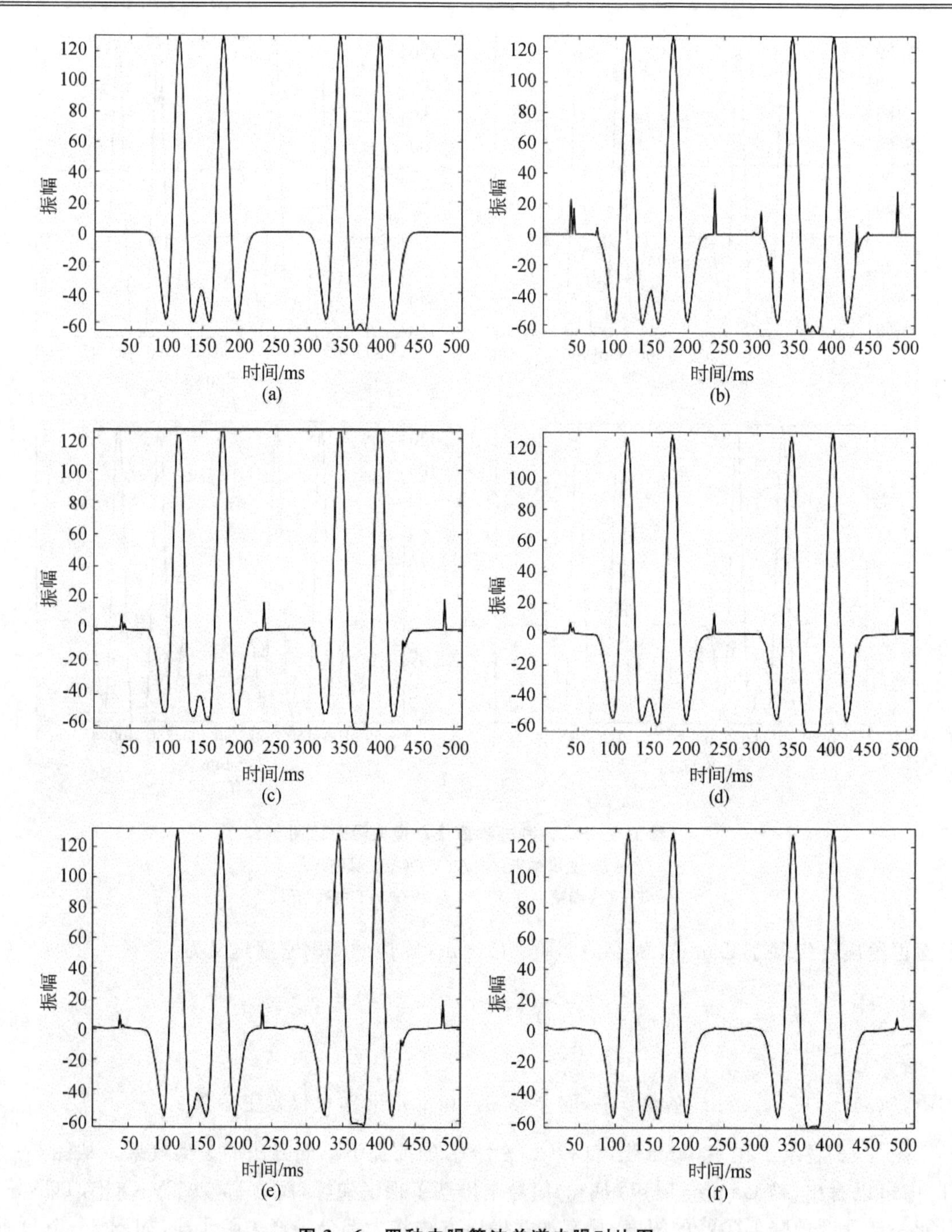

图 3-6　四种去噪算法单道去噪对比图

(a)原图；(b)带噪声图；(c)ATV 去噪结果；(d)ATV-OGS 去噪结果；
(e)TGV 去噪结果；(f)TGV-OGV-FAST 去噪结果

表 3－5　Gamma 噪声条件下算法性能测试表

β	输入信号 SNR/dB	方法	输出信号去噪指标			
			SNR/dB	PSNR/dB	SSIM	时间/s
10	28.223 3	ATV	29.787 7	45.013 6	0.998 4	**0.78**
		ATV-OGS	30.231 4	45.457 3	0.998 6	1.92
		TGV	30.101 8	45.327 7	0.998 5	2.88
		TGV-OGS-FAST	**30.794 8**	**46.020 7**	**0.998 6**	7.61
20	25.168 5	ATV	27.581 5	42.887 5	0.997 8	**1.00**
		ATV-OGS	28.419 6	43.725 6	0.998 3	2.13
		TGV	28.259 4	43.565 4	0.998 1	2.92
		TGV-OGS-FAST	**29.263 2**	**44.569 2**	**0.998 4**	7.52
40	22.145 6	ATV	24.962 4	40.209 6	0.996 3	**1.00**
		ATV-OGS	26.190 7	41.437 9	0.997 7	2.52
		TGV	25.837 6	41.084 8	0.997 2	3.33
		TGV-OGS-FAST	**27.444 6**	**42.691 8**	**0.997 8**	6.78
80	19.191 5	ATV	22.086 8	37.326 6	0.992 3	**1.03**
		ATV-OGS	23.433 8	38.673 6	0.994 3	2.23
		TGV	22.722 2	37.962 0	0.993 1	4.02
		TGV-OGS-FAST	**25.012 4**	**40.252 2**	**0.996 3**	5.11

注:加粗表示指标最优。

4. 加速重启 ADMM 的效果测试

本节中,仍然以图 3－1 中的合成信号为测试信号对比基于加速重启 ADMM 框架下的 TGV-OGS 算法和 TGV-OGS 算法。为了能直观反映加速重启算法的效果,本节给出 TGV-OGS、TGV-OGS-FAST 以及只加速不重启的 TGV-OGS[简称为 TGV-OGS-FAST (without restart)]三种算法在不同噪声条件下的迭代误差曲线,如图 3－7 所示,TGV-OGS-FAST 方法的 RE 曲线在 TGV-OGS 和 TGV-OGS-FAST(without restart)曲线下方,说明如果只加速,不重启,迭代误差可能变大,甚至大于 TGV-OGS 的 RE,例如图 3－7(a)和图 3－7(b),而增加重启步骤以后,能确保相对误差曲线随迭代次数的增加而减少,并迅速收敛到最优值,大幅减少迭代次数,从而降低运算时间。

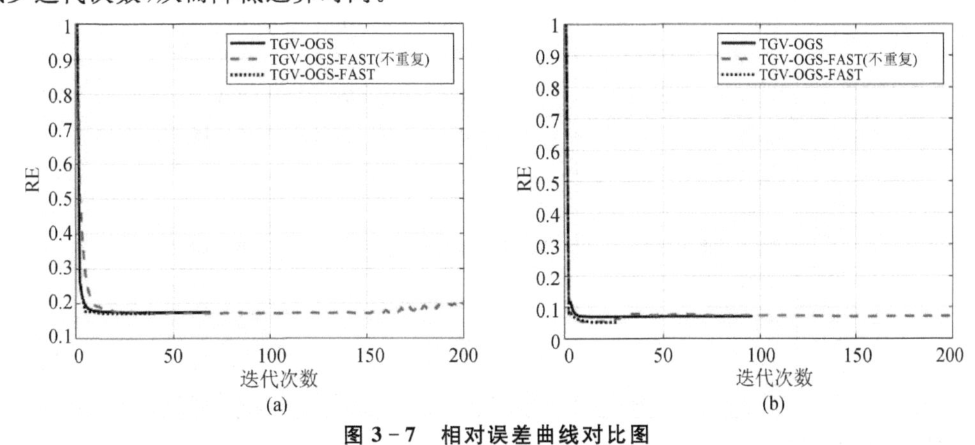

图 3－7　相对误差曲线对比图

(a)高斯噪声下的 RE 曲线;(b)指数分布噪声下的 RE 曲线;

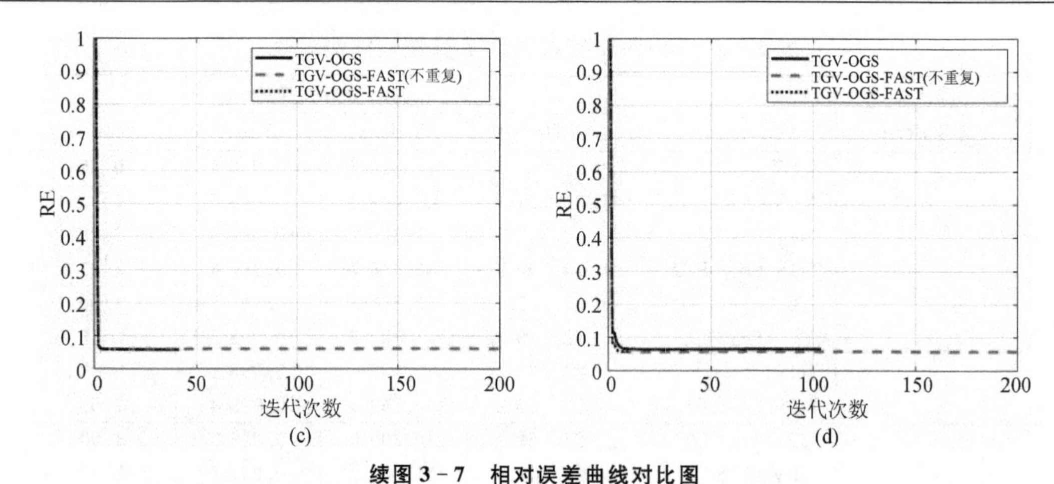

续图 3-7 相对误差曲线对比图

(c)瑞利分布噪声下的 RE 曲线;(d)Gamma 分布噪声下的 RE 曲线

3.4.3 实际资料去噪性能测试

本节中,以二维地震信号作为测试信号,信号如图 3-8(a)所示,道号从 51 道到 181 道,时间范围为 1 814～2 068 ms。该地震信号为叠后地震信号。为客观评价算法性能,本节在地震信号中加入高斯白噪声,对比下列算法 ATV、ATV-OGS、TGV 以及 TGV-OGS 的去噪性能指标,各项指标被记录在表 3-6 中可以看出,对于实际地震信号,本章提出算法的去噪效果最好。

表 3-6 算法性能测试表

σ	输入信号 SNR/dB	方法	输出信号去噪指标			
			SNR/dB	PSNR/dB	SSIM	时间/s
10	17.475 8	ATV	18.604 6	29.263 1	0.982 4	**0.38**
		ATV-OGS	19.048 1	29.706 6	0.983 8	0.84
		TGV	19.144 6	29.803 1	0.984 4	1.83
		TGV-OGS-FAST	**19.923 5**	**30.582 0**	**0.986 6**	5.84
20	11.450 3	ATV	14.757 2	24.772 4	0.950 2	**0.38**
		ATV-OGS	15.389 5	25.404 7	0.955 0	0.80
		TGV	15.661 3	25.676 5	0.958 8	3.69
		TGV-OGS-FAST	**15.983 2**	**25.998 4**	**0.962 3**	3.89
30	8.044 8	ATV	12.306 0	22.525 4	0.916 7	**0.38**
		ATV-OGS	13.032 6	23.252 0	0.926 9	0.80
		TGV	13.214 8	23.434 2	0.931 4	4.56
		TGV-OGS-FAST	**13.929 6**	**24.149 0**	**0.940 8**	6.14
40	5.479 0	ATV	10.964 1	21.109 9	0.891 0	**0.36**
		ATV-OGS	11.575 3	21.721 1	0.896 0	0.73
		TGV	12.098 1	22.243 9	0.911 0	6.13
		TGV-OGS-FAST	**12.547 9**	**22.693 7**	**0.919 9**	5.73

注:加粗表示指标最优。

图 3-8 展示各种算法的二维图像去噪效果，可以看到，本章提出算法有效去除了人为增加的高斯噪声。对比原地震信号可以发现，本章提出方法将地震信号中的高频干扰去除得较好，不存在 ATV 方法的阶梯效应问题，且同相轴具有较好的横向连续性。

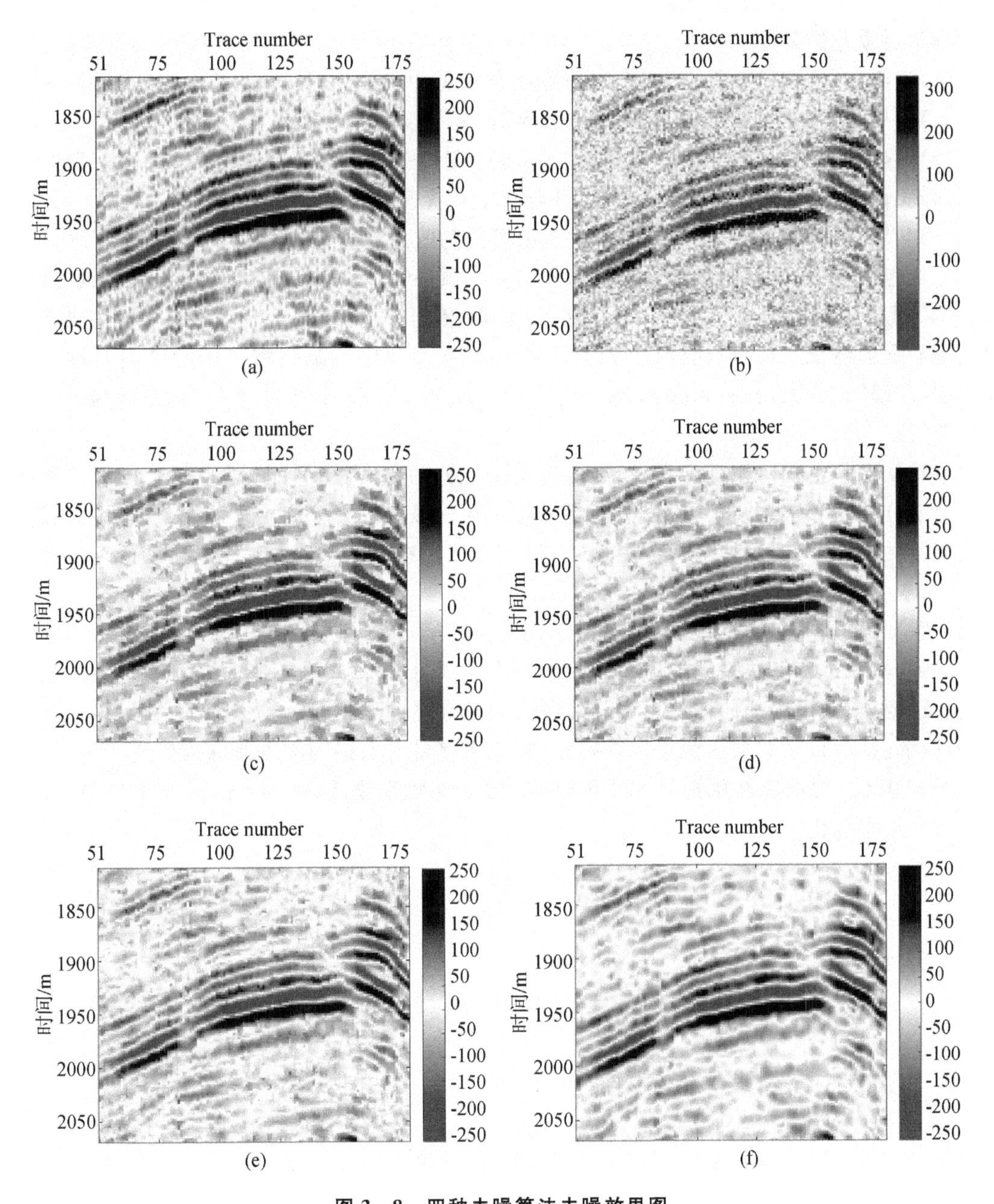

图 3-8　四种去噪算法去噪效果图

(a)二维地震信号图；(b)带噪声图；(c)ATV 去噪结果；

(d)ATV-OGS 去噪结果；(e)TGV 去噪结果；(f)TGV-OGV 去噪结果

3.5 本章小结

本章贡献总结如下：

(1)将组稀疏正则项引入广义全变分正则化模型中，提出一种改进广义全变分模型；

(2)利用 ADMM 框架对提出模型进行求解，将复杂问题转化为若干简单子问题；

(3)将差分算子视为卷积运算，从而将傅里叶变换引入本章提出模型中，提高运算效率；

(4)验证提出模型和算法的有效性，并与传统广义全变分模型做对比；

(5)利用加速 ADMM 框架提高本章提出算法的收敛速度。

全章组织如下：3.2 节给出与本章算法相关的预备知识；3.3 节展示本章提出的模型，然后基于 ADMM 框架给出模型的基本求解方法及其优化求解方案；3.4 节以不同噪声污染环境下的地震数据为测试对象，对比传统 ATV、TGV、基于交叠组稀疏收缩算子的各向异性变分去噪方法(ATV with Overlapping Group Sparsity，ATV－OGS)以及本章提出方法；最后对全章进行总结。

本章从交叠组稀疏正则项出发，结合广义全变分的定义，在 ADMM 框架下提出一种改进广义全变分去噪算法，并将其应用于地震信号去噪。该算法充分利用了图像一阶、二阶梯度的邻域相似性，提高平滑区域与边界区域的差异性，从而提高去噪算法的鲁棒性，获得相比于经典 TGV 更好的去噪性能。

为验证提出算法，本章将提出方法与 ATV，ATV-OGS，TGV 算法进行比较，从实验结果可以看到，本章提出算法去噪能力高于其他各类全变分去噪算法。值得注意的是，提出的方法是通用正则项，该正则项同样适用于其他各类图像重构问题，例如，自然图像去噪、椒盐噪声去除、图像解卷积，核磁共振图像重构等问题中，未来将针对上述问题进行深入研究。另外，由于引入 MM 算法，因此算法中涉及两重循环，导致运算效率较低，在未来的研究工作中，将着眼于算法的效率优化。

第4章 基于 FrFT 和贪婪策略的多向窗时频分析

本章从 Cohen 类分布和 Gabor 变换之间的关系出发，结合分数阶傅里叶变换(Fractional Fourier Transform，FrFT)的旋转性和贪婪算法，提出一种模糊域多方向滤波窗函数设计方法。该方法的目的在于去除 WVD 交叉项干扰，同时保留其时频聚集性。算法充分利用 Cohen 类分布和 Gaobr 变换之间的关系，将分数阶 Gabor 变换的最优窗函数推广到模糊域窗函数设计，并利用贪婪算法，在多个主要方向上迭代产生窗函数，解决分数阶 Gabor 变换在多成分信号处理中存在的局部聚集问题。经过详细讨论后，对一系列信号模型和实际信号进行仿真和对比，仿真效果表明，该方法能根据信号特点自适应地去除交叉项并保持较高的能量聚集性，又避免分数阶 Gabor 变换的局部聚集现象。最后将该算法应用于实际地震信号谱分解技术中，结果显示该算法对储层位置的刻画更加准确。

4.1 概 述

时频分析技术已经成为利用地震资料进行储层预测和烃类检测的重要方法之一。由于地下介质的复杂性以及对地震波吸收衰减程度的差异，地震信号呈现时变、非平稳的特性，因此勘探难度不断加大。为了降低勘探风险，人们对利用储层预测的精度要求越来越高，高分辨率时频分析技术已然成为未来油气勘探技术发展的必然趋势[102]。

迄今为止，随着非平稳信号处理理论的发展，地震信号的谱分解技术也得到蓬勃发展，工程上常见的手段有短时傅里叶变换[16]、连续小波变换[103]、S 变换[18]、WVD[13]、Cohen 类分布[14]等。短时傅里叶变换、连续小波变换和 S 变换属于线性时频分析方法，实现较为容易，但是时频聚集性较差，以 Cohen 类分布为代表的二次时频分布时频聚集性较好[104]。然而，由于 Cohen 类时频分布受到交叉项的影响，因此有一定工程局限性。一方面，Cohen 类时频分布要尽可能保留 Wigner-Ville 分布良好的时频聚集性，就需要尽可能保护信号的自项，然而这就使交叉项被一起保留，从而出现工程上极不愿意看到的虚假频率；另一方面，在抑制交叉项的同时又会抑制信号的自项，从而使得时频谱聚集性受到影响。人们在长期研究 Cohen 类时频分布的过程中提出大量解决方案，在模糊域上设计各类窗函数，如以指数衰减核为模糊域窗函数的 Choi-Williams 分布，以模糊域低通滤波窗为基础的平滑伪 Wigner-Ville 分布等。纵观以上时频分布(Time-Frequency Distribution，TFD)，它们都有一个致命的弱点，这些分布无法根据信号的模糊域分布特点自适应地改变窗函数形状，以至于这类分布仅仅对特定信号效果较好。从上文讨论可以看到，保护自项并抑制交叉项是 Cohen 类分布研究的主题。随着人们对 Cohen 类分布的进一步研究，Jones 和 Baraniuk[105]从信号模糊函数的分布特点出发，提出 AOK 设计方法，实现了模糊域窗函数的自适应设计。AOK 算法对其提出的目标函数本质上是一个最优化问题，采取最陡下降法的迭代方式。值得指出的是，利用最陡下降法解决优化问题很可能陷入局部极小值。本章将借鉴自适应最优核设计思想，并结合分数阶傅里叶变换的旋转性和贪婪算法，提出一种基于分数阶傅里叶变换的模糊域多向窗设计方法，在主要方向最大限度地保留信号自项的同时抑制交叉项。

分数阶傅里叶变换[106]由于其独特的时频旋转不变性和快速算法的提出，因此备受信号处理领域的学者关注。在地震信号处理领域，FrFT 研究已经逐渐形成热点，近年来的主要研究成果如下：Montana 利用 FrFT 进行地震信号的空间预测滤波[107]。Zhai 将 FrFT 用于地震信号去噪[108]。Xu 和 Guo 等人提出分数阶 S 变换[109]，将传统傅里叶变换核替换为分数阶傅里叶变换核，但是由于分数阶频率轴为频率轴在时频面的旋转，失去了原有物理意义，因此在工程应用上有一定局限性。Wang 等人结合分数阶傅里叶变化和平滑伪 Wigner-Ville 变换，用于储层信息提取，但同样存在分数域时间轴和频率轴失去物理意义的情况。Chen 等人[110]结合广义时频带宽积[111]，提出基于分数域自适应窗函数的最优 Gabor 变换，在分数域下进行最优时频成像，然后反方向旋转回原时频面，从理论上解决了频率轴旋转后失去物理意义的问题，并在工程应用上取得较好的效果，同时利用峰值最大搜索方法确定最优旋转角度。Tian 和 Peng[112]在 Chen 等人[110]的基础上引入峰度系数，用于确定最优旋转因子，给出最优旋转角度的第二种方法。Wang 和 Peng 对分数阶 S 变换做出新的定义[113]，并结合分数阶傅里叶变换矩，给出第三种确定最优旋转因子的方法。值得注意的是，FrFT 可以理解为线性调频小波为基函数的变换手段，因此对于单分量调频信号效果显著，但是对于复合多分量信号和非线性调频信号，时频图则会出现局部聚集现象，详见 Chen[110]、Tian[110]以及 Wang 的工作[113]。本章利用贪婪算法搜索信号主要能量聚集方向，设计一种根据信号自适应变化的多向窗函数来解决局部聚集问题。

全章组织如下：在 4.2 节中，介绍基于广义时频带宽积准则的最优分数域 Gaobr 算法，并分析其优点和局限性。4.3 节从 Cohen 类和 Gabor 变换(Gabor Transform，GT)之间的关系入手，将 FrFT 的旋转性应用于 Cohen 类模糊域窗函数的设计，提出一种基于贪婪算法的分数域多向窗函数设计方法。在 4.4 节中，首先通过单线性调频信号模型验证 Cohen 类与 GT 之间的关系，然后给出多线性调频信号的算法对比，不失一般性，最后给出非线性调频信号模型的算法对比，在几种模型中，本章提出算法都有较好的表现，充分兼顾了各个方向的时频聚集性。4.5 节将本章算法应用于地震信号谱分解技术中，用于油气勘探。4.6 节对本章内容进行小结。

4.2 最优分数域 Gabor 算法与其局部聚集效应

Gabor 变换是 STFT 在时间和频率域的采样，本质上就是 STFT，Chen 提出一种基于广义时间带宽积(Generalized Time Bandwidth Product，GTBP)的最优分数域 Gabor 变换(Optimal Fractional Gabor Transform，OFrGT)[110]，详细推导不再赘述，该方法定义如下：

$$\mathrm{OFrGT}_s(t,\omega)\Big|_{\mathrm{GTBP}} = \mathbf{R}_\phi\{\mathrm{GT}_{s_p}(t,\omega)\}\Big|_{\mathrm{MTBP}} =$$
$$\int_{-\infty}^{\infty} s(\tau)h^*_{\mathrm{s\_opt}}(\tau-t)\mathrm{e}^{-\mathrm{j}\omega\tau}\mathrm{d}\tau =$$

$$\int_{-\infty}^{\infty} s(\tau) h_{\mathrm{GTBP}}(\tau - t) \mathrm{e}^{-\mathrm{j}\omega\tau} \mathrm{d}\tau \tag{4-1}$$

式中，p 为最优旋转因子，其中 $\varphi = p \times \pi/2$，$\mathbf{R}_\phi$ 表示逆时针旋转算子。符号 MTBP 表示最小时频带宽积(Minimal Time Bandwidth Product, MTBP)。

式(4-1)中的最优窗函数定义如下：

$$h^*_{\mathrm{s\_opt}}(t) = h_{\mathrm{GTBP}}(t) = \mathrm{FrFT}_p(\mathrm{e}^{-\pi t^2 B_{s_p}/T_{s_p}}) \tag{4-2}$$

式中，FrFT_p 为分数阶傅里叶变换算子，定义如式(4-3)所示，s_p 表示对信号做 p 阶 FrFT。

$$s_p(u) = \int_{-\infty}^{\infty} s(\tau) K_p(u,\tau) \mathrm{d}\tau \tag{4-3}$$

式中，$K_p(u,\tau)$ 为分数阶傅里叶变换核，定义为

$$K_p(u,\tau) = \frac{\mathrm{e}^{-\mathrm{j}[\pi \mathrm{sgn}(\sin\phi)/4 + \phi/2]}}{|\sin\phi|^{1/2}} \mathrm{e}^{\mathrm{j}\pi(\tau^2 \cot\phi - 2\tau u \csc\phi + u^2 \cot\phi)} \tag{4-4}$$

相对于最优分数阶 Gabor 变换(Fractional Gabor Transform, FrGT)，一般阶次的 FrGT 定义如下：

$$\mathrm{FrGT}_{s,a}(t,\omega) = \mathbf{R}_\phi\{\mathrm{GT}_{s_a}(t,\omega)\}|_{\mathrm{MTBP}} \tag{4-5}$$

式中，a 表示非最优阶次的一般分数阶傅里叶变换阶次。

式(4-2)中 p 为基于 GTBP 准则的最优旋转因子，定义为

$$p = \underset{0 \leqslant p \leqslant 2}{\mathrm{argmin}} \mathrm{TBP}\{s_p(t)\} \tag{4-6}$$

式中，$\mathrm{TBP}\{s_p(t)\}$ 表示信号 s_p 的时频带宽积，称 $\min\limits_{0 \leqslant p \leqslant 2} \mathrm{TBP}\{s_p(t)\}$ 为广义时频带宽积。

式(4-2)中，B_{s_p}，T_{s_p} 分别表示信号 s_p 的带宽和时宽，定义如下：

$$\begin{aligned} T_{s_p} &= \frac{\left[\int_{-\infty}^{\infty} (t - \eta_t)^2 \, |s_p(t)|^2 \mathrm{d}t\right]^{1/2}}{\left\| s_p(t) \right\|_2}, \\ B_{s_p} &= \frac{\left[\int_{-\infty}^{\infty} (\omega - \eta_\omega)^2 \, |S_p(\omega)|^2 \mathrm{d}\omega\right]^{1/2}}{\left\| S_p(\omega) \right\|_2} \end{aligned} \tag{4-7}$$

式中，η_t，η_ω 为信号的时间中心和频率中心，定义为

$$\eta_t = \frac{\int_{-\infty}^{\infty} t \, |s_p(t)|^2 \mathrm{d}t}{\left\| s_p(t) \right\|^2}, \quad \eta_\omega = \frac{\int_{-\infty}^{\infty} \omega \, |S_p(\omega)|^2 \mathrm{d}\omega}{\left\| S_p(\omega) \right\|^2} \tag{4-8}$$

从式(4-6)～式(4-8)可以看到，由于该算法仅仅选取最优方向作为窗函数设计的关键参数，因而导致在最优方向时频聚集性较好，但无法同时保证其他方向同样有良好的时频聚集性，导致其在工程应用中存在一定的局限。

下面通过一组仿真来演示该算法的局限性，首先给出一个单分量线性调频信号，令 $s = \mathrm{e}^{\mathrm{j}\pi t^2}$，持续时间为－4 s到4 s，采样率为16 Hz，并通过式(4-6)准则获得最优旋转因子，再根据式(4-2)设计分数域最优窗函数，进而获取最优时频分布，为突出最优旋转因子在时频聚集性上的贡献，这里特意给出常规 GT 和两组非最优旋转因子作用下的时频分布做对比，如图4-1所示。从图4-1可以看出，对于单分量调频信号，随着分数域阶次不断逼近最优旋转因子，时频聚集性越来越好，可见，OFrGT 确实能有效提高 GT 的时频聚集性。从上述实验可以看到，给

定的单成分 LFM 信号(也称 Chirp 信号)模型是比较理想的,然而,对于实际信号的时频分布往往不一定是单方向分布的。下面给出一个合成信号,令 $s = e^{j\pi t^2} + e^{-j\pi t^2}$,持续时间为 -4 s 到 4 s,采样频率为 16 Hz,采用和图 4-1 中一样的算法,如图 4-2 所示。

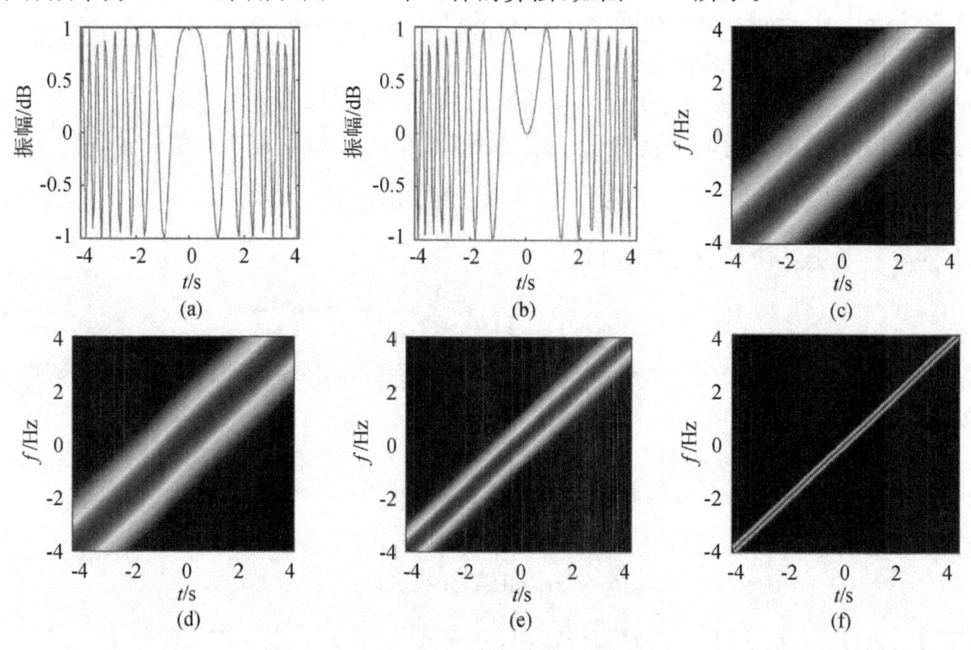

图 4-1 传统 GT 与 FrGT

(a)信号实部;(b)信号虚部;(c)传统 GT;(d)FrGT(a=1.3)(a 非最优旋转因子);
(e)FrGT(a=1.6)(a 非最优旋转因子);(f)OFrGT(p=1.5)

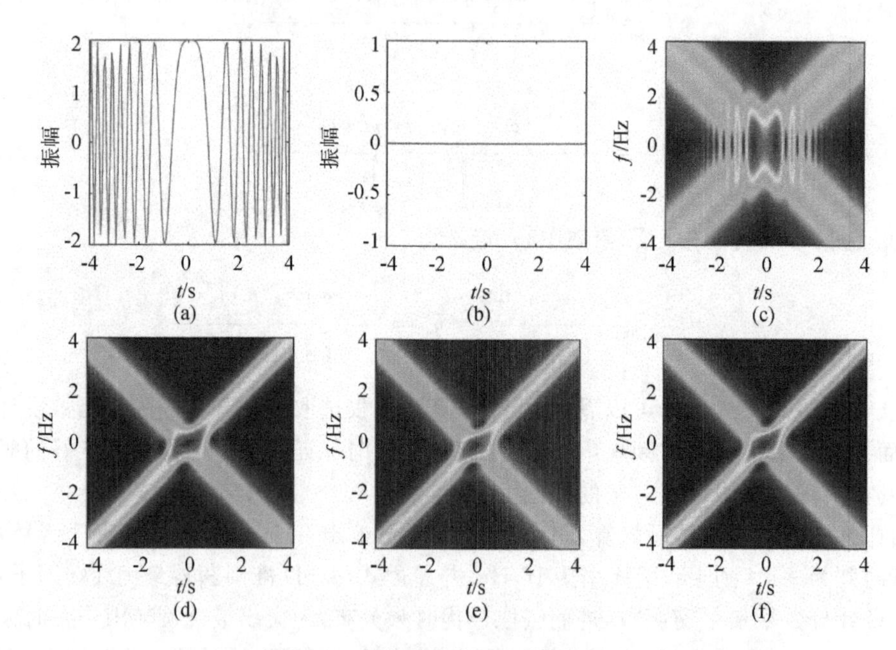

图 4-2 多分量传统 GT 变换与 FrGT

(a)信号实部;(b)信号虚部;(c)传统 GT;(d)FrGT(a=1.3)(非最优旋转因子);
(e)FrGT(a=1.6)(非最优旋转因子);(f)OFrGT(p=1.5)

从图4-2可以发现，OFrGT在处理多信号问题时，存在三个问题：第一，仅对寻找的一个最优方向有较好的时频聚集性，而事实上，这个合成信号有两个主方向；第二，即便对于搜索到的主方向，其时频聚集性仍然不如只有单成分信号的OfrGT；第三，对于多信号问题，FrGT对分数阶次的变化不敏感，如图4-2(d)～(f)所示。这里将上述问题称为局部聚集现象，造成这个现象的原因主要由两个，第一，OFrGT没有考虑所有主要能量方向，而只考虑了最优方向；第二，信号在时频域上混叠，导致式(4-7)中的时宽和频宽受到很大影响，最终导致由式(4-2)设计的窗函数形状发生变化。为了解决这个问题，首先需要寻找信号所有主能量方向，然后分离出各个原子信号，分别根据(4-2)式设计最优窗函数。

在下一节讨论中，将从Cohen类和Gabor变换的关系出发，提出一种基于贪婪思想的多向窗函数设计方法，用于解决时频原子混叠导致的分辨率下降问题和局部聚集问题。

4.3 模糊域多向窗函数设计

4.3.1 Cohen类分布与Gabor变换的关系

下面讨论Cohen分布与Gabor变换的关系，并从这一关系出发，进一步扬长避短，将上述两类时频分布的优点充分发挥，消除两种算法各自的弊端。

根据Gabor变换的定义，可将其模的平方(也称谱图)展开，得

$$|\mathrm{GT}(t,\omega)|^2 = \mathrm{GT}(t,\omega)\{\mathrm{GT}(t,\omega)\}^* = \int_{-\infty}^{\infty} s(\tau)h^*(\tau-t)\mathrm{e}^{-\mathrm{j}\omega\tau}\mathrm{d}\tau\int_{-\infty}^{\infty} s^*(u)h(u-t)\mathrm{e}^{\mathrm{j}\omega u}\mathrm{d}u \tag{4-9}$$

将式(4-9)改变积分次序，并令$\tau = a+\frac{b}{2}, u = a-\frac{b}{2}$，有

$$\begin{aligned}|\mathrm{GT}(t,\omega)|^2 &= \int_{-\infty}^{\infty}\int_{-\infty}^{\infty} s(\tau)h^*(\tau-t)s^*(u)h(u-t)\mathrm{e}^{\mathrm{j}\omega(u-\tau)}\mathrm{d}u\mathrm{d}\tau = \\ &\int_{-\infty}^{\infty}\int_{-\infty}^{\infty} s\left(a+\frac{b}{2}\right)h^*\left(a+\frac{b}{2}-t\right)s^*\left(a-\frac{b}{2}\right)h\left(a-\frac{b}{2}-t\right)\cdot\mathrm{e}^{-\mathrm{j}\omega b}\mathrm{d}a\mathrm{d}b = \\ &\frac{1}{2\pi}\int_{-\infty}^{\infty}\int_{-\infty}^{\infty}\int_{-\infty}^{\infty} s\left(a+\frac{\lambda}{2}\right)s^*\left(a-\frac{\lambda}{2}\right)h\left(a-\frac{b}{2}-t\right)h^*\left(a+\frac{b}{2}-t\right)\times \\ &2\pi\delta(\lambda-b)\mathrm{e}^{-\mathrm{j}\omega b}\mathrm{d}\lambda\mathrm{d}a\mathrm{d}b\end{aligned} \tag{4-10}$$

式中，$\delta(t)$表示狄拉克函数，在式(4-10)中，利用了狄拉克函数的筛选特性，即

$$f(t_0) = \int_{-\infty}^{\infty} f(t)\delta(t-t_0)\mathrm{d}t$$

$\mathrm{e}^{\mathrm{j}bv}$的傅里叶变换为$2\pi\delta(\lambda-b)$，则有$2\pi\delta(\lambda-b) = \int_{-\infty}^{\infty}\mathrm{e}^{\mathrm{j}vb}\mathrm{e}^{-\mathrm{j}v\lambda}\mathrm{d}v$，则

$$\begin{aligned}|\mathrm{GT}(t,\omega)|^2 = &\frac{1}{2\pi}\int_{-\infty}^{\infty}\int_{-\infty}^{\infty}\int_{-\infty}^{\infty}\int_{-\infty}^{\infty} s\left(a+\frac{\lambda}{2}\right)s^*\left(a-\frac{\lambda}{2}\right)h\left(a-\frac{b}{2}-t\right)h^*\left(a+\frac{b}{2}-t\right)\times \\ &\mathrm{e}^{-\mathrm{j}\omega b-\mathrm{j}(\lambda-b)v}\mathrm{d}v\mathrm{d}\lambda\mathrm{d}a\mathrm{d}b = \\ &\frac{1}{2\pi}\int_{-\infty}^{\infty}\int_{-\infty}^{\infty}\left\{\int_{-\infty}^{\infty} s\left(a+\frac{\lambda}{2}\right)s^*\left(a-\frac{\lambda}{2}\right)\mathrm{e}^{-\mathrm{j}\lambda v}\mathrm{d}\lambda\right\}\times\end{aligned}$$

$$\left\{\int_{-\infty}^{\infty} h\left(t-a+\frac{b}{2}\right) h^{*}\left(t-a-\frac{b}{2}\right) \mathrm{e}^{-\mathrm{j}b(\omega-v)} \mathrm{d}b\right\} \mathrm{d}v \mathrm{d}a\Bigg\}=$$

$$\frac{1}{2\pi}\int_{-\infty}^{\infty}\int_{-\infty}^{\infty} \mathrm{WVD}_{s}(a,v)\mathrm{WVD}_{h}(t-a,\omega-v)\mathrm{d}a\mathrm{d}v=$$

$$\frac{1}{2\pi}\mathrm{WVD}_{s}(t,\omega) * \mathrm{WVD}_{h}(t,\omega) \tag{4-11}$$

式中，* 表示二维卷积算子。

式(4-11)说明谱图为 $\mathrm{WVD}_s(t,\omega)$ 与 $\mathrm{WVD}_h(t,\omega)$ 的二维卷积。忽略常系数，式(4-11)在模糊域中的等价表达式为

$$|\mathrm{GT}(t,\omega)|^{2}=\int_{-\infty}^{\infty}\int_{-\infty}^{\infty} A_{\mathrm{s}}(\theta,\tau)A_{\mathrm{h}}(\theta,\tau)\mathrm{e}^{-\mathrm{j}\theta t-\mathrm{j}\omega\tau}\mathrm{d}\theta\mathrm{d}\tau \tag{4-12}$$

结合式(2-33)与式(4-12)可以发现，谱图本质上也是Cohen类，GT窗函数的模糊函数恰为Cohen类模糊域的窗函数，而GT窗函数的模糊函数恰巧可视为式(2-33)中的窗函数。基于这样一个思路，再回顾4.2节中，式(4-2)设计的一维最优窗能保证最优方向的局部聚集性最好，但无法保证各个方向聚集性都好，如果信号存在多个最优方向，可以利用式(4-1)和式(4-12)的关系进行方向滤波，从而确保时频面的全局优化，在下一小节中将详细讨论利用贪婪算法进行方向滤波。

4.3.2 模糊域多向窗设计

根据FrFT的Parseval定理，FrFT需满足

$$\int_{-\infty}^{\infty}|s(t)|^{2}\mathrm{d}t=\int_{-\infty}^{\infty}|s_{\mathrm{p}}(u)|^{2}\mathrm{d}u=C \tag{4-13}$$

式(4-13)中的C表示常数，从式(4-13)中可以看到，$|x_{\mathrm{p}}(u)|^2$在分数域的积分为常数，信号在分数域持续的时间越短，则其信号模的峰值越高，为充分展示最优旋转因子搜索方法，这里先假设时频能量主要方向只有一个，如图4-3所示，当图4-3(a)旋转至图4-3(b)的位置时，由于信号在分数阶时间轴上的持续时间很短，又要同时满足Parseval定理，因此该分数域下的峰值将出现一个极大值，通过这个极大值可以确定旋转因子的最优值。由图4-3(a)虚线框出的区域为原信号的时频带宽积，图4-3(b)中虚线框出的区域为广义时频带宽积，显而易见，当把信号时频面旋转到如图4-3(b)位置时，信号的GTBP将远远小于TBP，通过这一特性可以大大提高信号的时频聚集性。

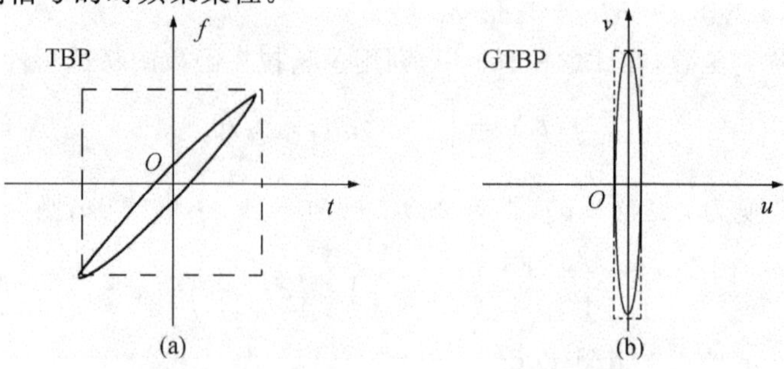

图4-3 时频带宽积与广义时频带宽积

(a) 原信号时频带宽积；(b) 信号做FrFT后的时频带宽积

值得指出的是，对于复杂的信号，通过峰值搜索往往会得到多个极大值，如果只取最大值对应的阶次作为最优旋转因子，则其他旋转方向的时频聚集性将受到一定影响。下面给出一个稍复杂的模型，如图 4-4 所示。将图 4-4(a) 逆时针旋转 45° 得到图 4-4(b)，图 4-4(b) 的时间带宽积并没有小于图 4-4(a)，这就是局部聚集效应的产生原因。

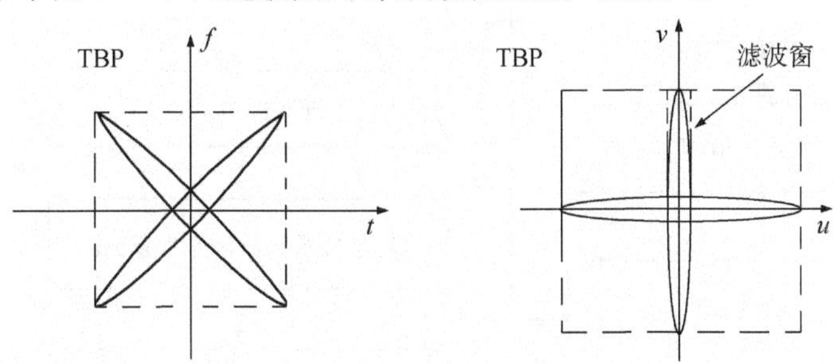

图 4-4　多成分信号的时频带宽积与旋转后的时频带宽积

(a) 原始信号时频带宽积；(b) 信号做 FrFT 后的时频带宽积

对于图 4-4 的模型，可以通过峰值搜索算法先定位出信号的一个主要方向，然后利用图 4-4(b) 中的分数域滤波窗（即红色虚线标注的矩形窗）将能量最高的主成分信号（这里将其称为原子信号 s_i）提取出来，根据式(4-2) 设计出一维最优窗函数，然后根据式(4-12) 设计出对应的 Cohen 类最优窗函数，接着继续在残差信号中继续提取能量最大的原子信号，依此类推，直至残差信号接近于 0，在这个过程中，模糊域的窗函数朝各个搜索方向不断生长，直至将信号主要能量分布方向完全覆盖。

具体步骤如下：

(1) 确定最优旋转因子，确定最优旋转因子可以采取峰值最大化方法，或者利用峰度系数最大化方法和二阶中心矩方法等。在第一步的迭代过程中，将残差定义为信号本身。

(2) 剥离子信号，在每次获取最优旋转因子之后，可以利用最优旋转因子和残差来获得新的子信号。从图 4-4 中可以看到，在第一次的迭代中，$\mathrm{FrFT}_{p_0}(s(t))$ 旋转到图 4-4(b) 的位置。通过图 4-4(b) 中的滤波窗函数就能获取 $\mathrm{FrFT}_{p_i}(s(t))\times \mathrm{win}$，这个信号是子信号的分数域表达式，需要将其恢复到时域，因此，子信号迭代公式为

$$s_i(t) = \mathrm{FrFT}_{-p_i}\{\mathrm{FrFT}_{p_i}(r_i(t))\times \mathrm{win}\} \tag{4-14}$$

式中，win 表示分数域滤波矩形窗，用于将能量最大的原子分离，窗的长度取决于子信号在分数阶时间轴的持续长度，i 表示迭代次数。

(3) 更新残差，残差信号迭代为

$$\left.\begin{aligned} r_0(t) &= s(t) \\ r_i(t) &= r_{i-1}(t) - s_i(t),\quad i = 1,2,\cdots,N \end{aligned}\right\} \tag{4-15}$$

(4) 设计最优窗函数，根据式(4-12)，可定义分数域多向窗函数如下：

$$\Phi_{\mathrm{opt}}(\theta,\tau) = A_{\mathrm{Mul\_win}}(\theta,\tau) = \max_{i=1,2,\cdots,N}(|AF_{\mathrm{h_{opt}}(s_i)}(\theta,\tau)|) \tag{4-16}$$

由于式(4-16)充分考虑了信号在各个主要方向的时宽和带宽，就可以避免出现局部最优的情况。

根据式(4-16)，本章采取最大值策略来设计最优窗函数，这是考虑到每个子窗口都会经过原点，如果采取求和策略或者平均策略，在原点处的幅度就远远大于其他区域的窗函数幅

度，这样就不能公平地保护原点以外的模糊域自项。

图 4－5 为本章算法的完整框图。

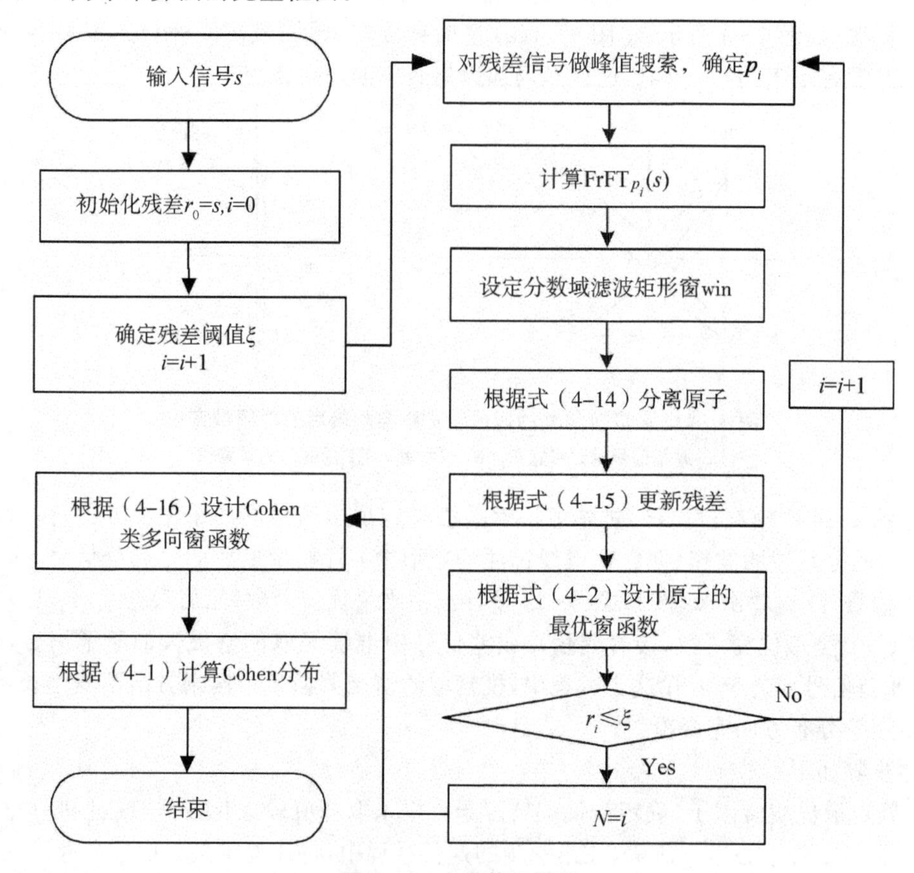

图 4－5　本章算法框图

需要指出的是，由于原子信号之间的时频混叠，因而导致分离的原子也存在一定混叠，势必导致分离的原子有异于真实原子，本章仅用这些分离的原子进行窗函数设计。

4.4　数值实验

为验证本章提出的算法，在本节将从简单到复杂，给出一系列理论信号的时频仿真。

4.4.1　模型一：单调频信号

本实验旨在证明，在只有单调频信号的前提下，OFrGT 的最优窗函数与由式(4－16)设计的最优窗函数具有等价性。下面给出数值仿真，采用的信号解析表达式为：$s(t)=\mathrm{e}^{\mathrm{j}\pi t^2}$，采样率保持不变。

首先通过式(4－2)设计出 OFrGT 的最优窗函数，然后根据式(4－16)设计 Cohen 类模糊域最优窗函数 $\Phi_{\mathrm{opt}}(\theta,\tau)$，以此验证两种窗函数的等效性。

从图 4－6 可以看到，对于单调频信号，由 GTBP 准则获得的最优 Gabor 变换和利用式(4－16)获得的最优 Cohen 分布是等价的。

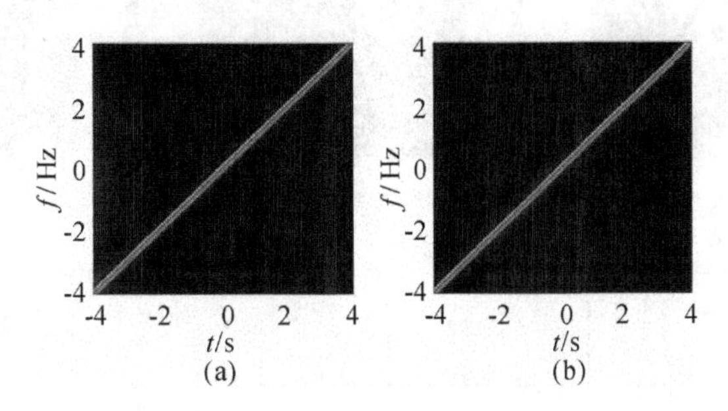

图 4－6　OFrGT 和本章算法对比(对于单调频信号)

(a)OFrGT；(b)本章算法

为进一步展示算法细节，图 4－7 展示了基于 GTBP 准则计算出来的一维最优窗函数，信号在模糊域中的自项分布，以及根据式(4－16)设计的二维模糊域最优窗函数。对比图 4－7(b)和图 4－7(c)可以看到，本章设计的窗函数可以覆盖信号模糊域自项的大部分内容。

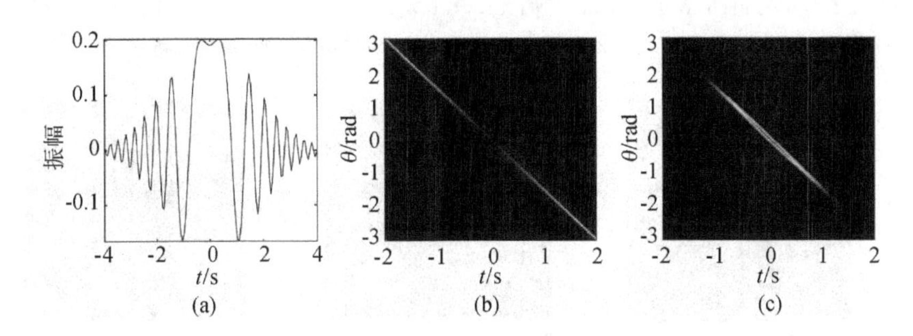

图 4－7　算法细节展示

(a)OFrGT 最优窗函数的实部；(b)未经滤波的模糊函数；

(c)根据式(4－16)得到的模糊域最优窗函数

4.4.2　模型二：多个线性调频信号组合

本节实验展示提出算法如何避免 OFrGT 的局部聚集效应和去除 WVD 的交叉项，模型假定信号由多个线性调频信号组成。本节实验采用信号如下：$s=e^{j\pi t^2}+e^{-j\pi t^2}$，信号如图 4－2 所示，图 4－8 中将展示 OFrGT 和本章提出算法的效果。

观察图 4－8(a)可以发现，由于 OFrGT 只考虑一个最优方向，因此导致局部聚集效应。图 4－8(b)的时频聚集性显然是最佳的，但是存在大量交叉项影响，对信号真实频率估计产生极大的干扰。而本章提出的算法充分考虑了所有主能量块方向，可以看到，在两个主方向上，时频聚集性都得到提高，将信号的两个成分很好地分开。

下面展示算法根据信号模糊域特点设计出来的窗函数，如图 4－9 所示。从图 4－9 可以看到，本章提出的算法很好地保留信号模糊域的自项，同时又将交叉项去除。

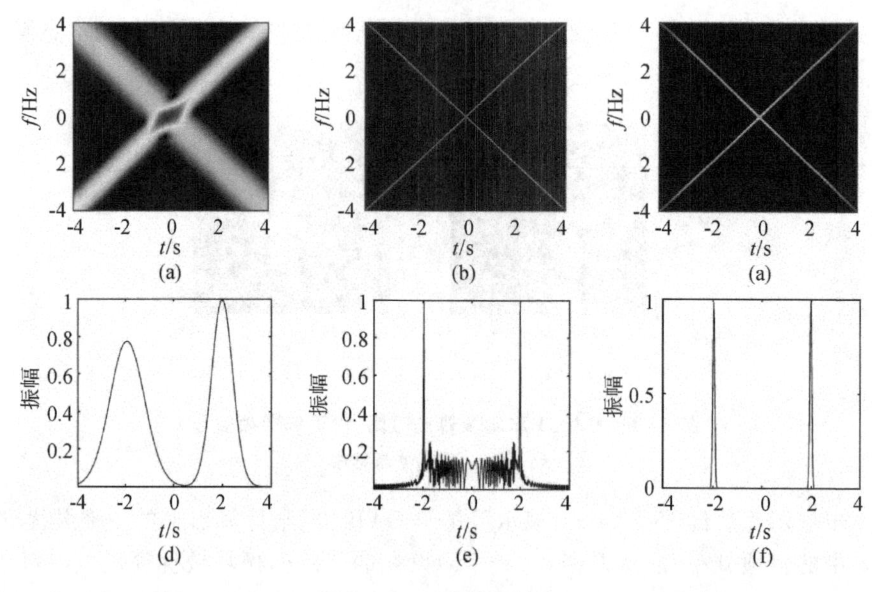

图 4-8 三种算法对比

(a)OFrGT;(b)Wigner-Ville 分布;(c)本章算法;(d)OFrGT 在 2 Hz 的频率切片;(e)Wigner-Ville 在 2 Hz 的频率切片;(f)本章算法在 2 Hz 的频率切片

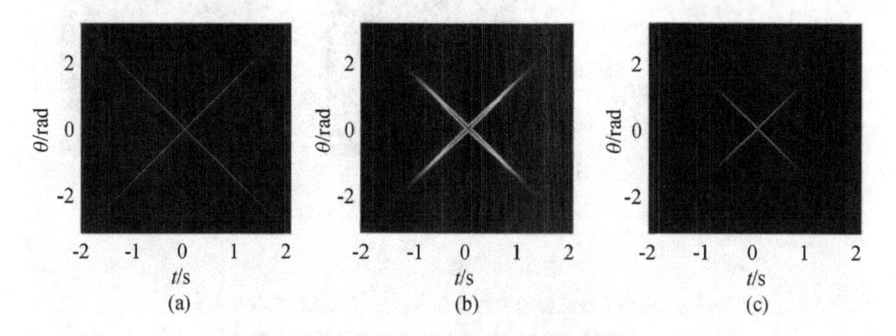

图 4-9 信号模糊函数及其自适应滤波

(a)信号的模糊函数;(b)本章设计的窗函数;(c)滤波后的模糊函数

为比对模糊域自适应窗函数和固定窗函数的效果,图 4-10 给出 Choi-Williams 指数窗、高斯窗和本章算法的对比。

从上面实验可以看到,固定窗函数由于不能自适应地寻找自项分布方向,一方面导致无法较好地去除交叉项,另一方面又不能很好地保留自项,因此导致时频域仍然受到部分交叉项影响,本章提出的算法则自适应地根据信号自项分布方向生长窗函数,在保留自项的同时,充分去除交叉项,达到提高时频分辨率的目的。

图 4-2 中的子信号很容易分离,不失一般性,在接下来的实验中展示另外一组多成分合成信号,且这个合成信号的子信号非常接近,该信号解析表达式为 $s(t)=\mathrm{e}^{\mathrm{j}\pi t^2}+\mathrm{e}^{\mathrm{j}0.9\pi t^2}$,时间范围是[-4 s, 4 s],采样频率是 16 Hz,如图 4-11 所示。

图 4-12 展示了以图 4-11 为处理信号,OFrGT,WVD,以及本章提出方法得到的时频图。图 4-11 中的子信号非常相近。观察 4-12(a)可知,OFrGT 存在局部聚集现象。从图4-12(b)可以看到,WVD 受到交叉项的干扰。再观察本章提出方法获得的结果[见图 4-12(c)],可以看

到，本章方法相比于 OFrGT 和 WVD，较好地将两个子信号加以区分。然而，从图 4－12 可以看到本章提出方法也存在一些局限，在区间[−0.5 s, 0.5 s]，本章提出方法无法有效区分两个子信号，这是由于两个子信号过于接近，因此导致分离出来的子信号不准确，以至于设计的窗函数无法准确覆盖信号的自项。

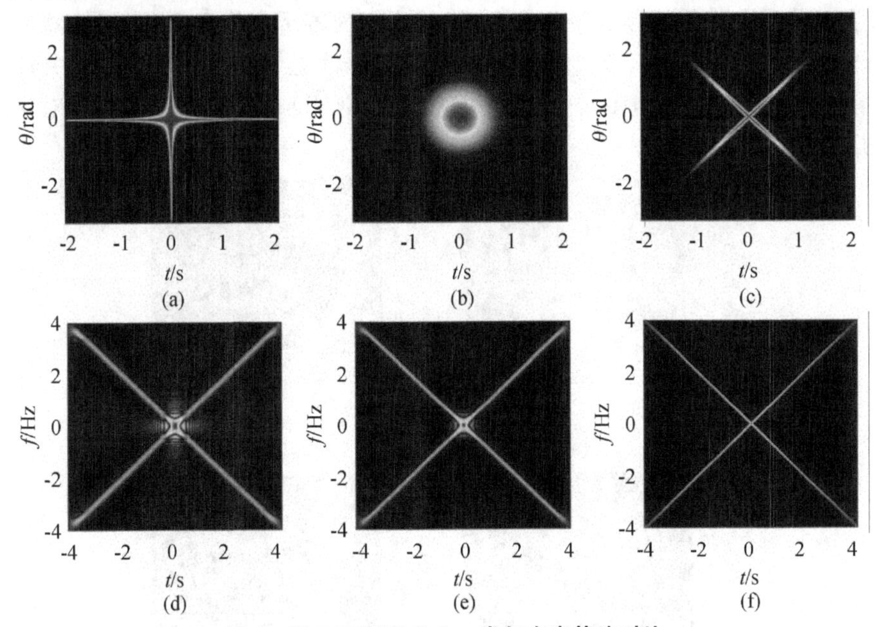

图 4－10　固定窗 Cohen 类与本章算法对比

(a)Choi-Williams 算法模糊域窗函数；(b)高斯窗函数；(c)本章算法得到的自适应窗函数；(d)Choi-Williams 分布；(e)以高斯窗为滤波窗的 Cohen 分布；(f)本章算法

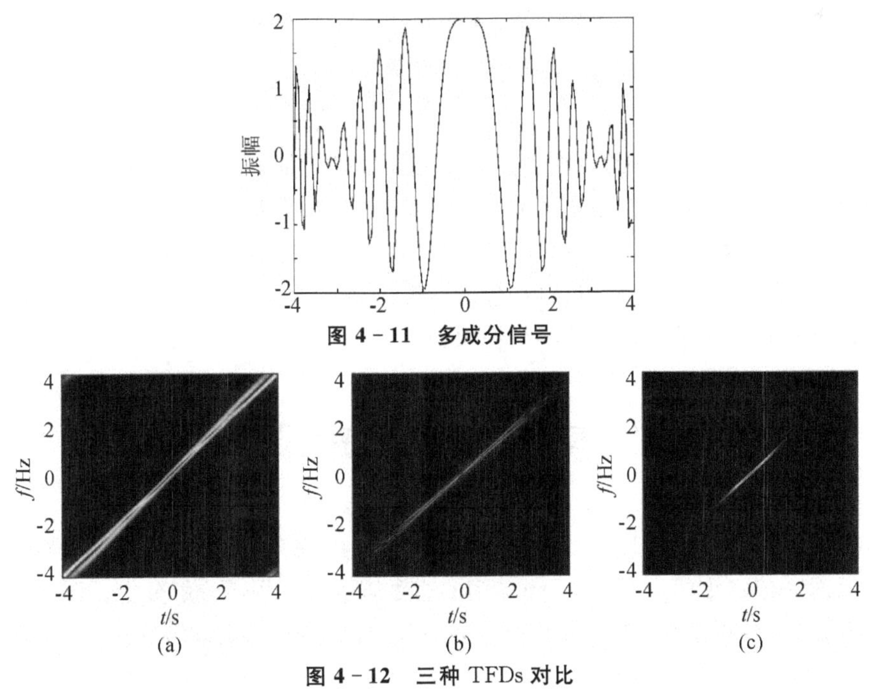

图 4－11　多成分信号

图 4－12　三种 TFDs 对比

(a)OFrGT 结果；(b)WVD 结果；(c)本章方法的结果

4.4.3　模型三：非线性调频信号

前面两个实验从单个线性调频信号到多个斜率不同的线性调频信号，验证了算法，不失一般性，本节实验将以非线性调频信号为模型，将其分解为若干个线性调频信号，然后利用贪婪算法合成出最终的模糊域窗函数。本实验的理论信号表达式为 $s=e^{j2.5\pi t^3}$，其中时间范围为 -4 s到 4 s，采样率为 512 Hz，图 4-13 展示 OFrGT、WVD 以及本章提出算法对该理论信号的时频分析结果。

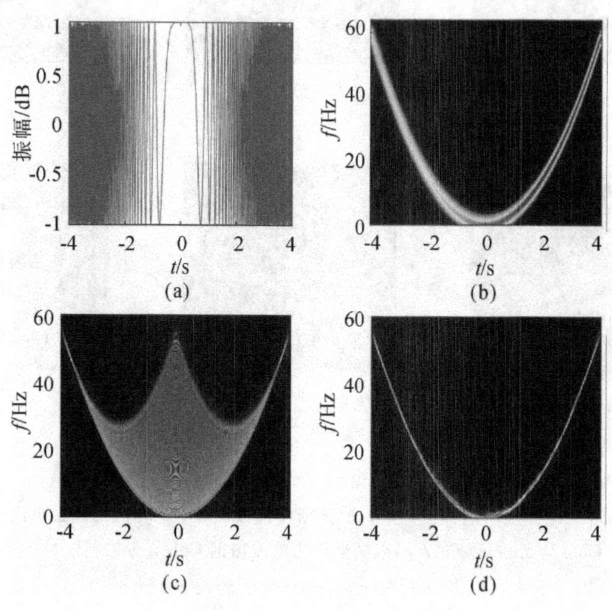

图 4-13　三种算法对比

(a)信号实部；(b)最优 FrGT；(c)Wigner-Ville 分布；(d)本章算法

从图 4-13 可以看到，OFrGT 算法只考虑最优旋转方向，导致在某个方向上聚集性得以提高，但是其他方向的能量块则得不到兼顾，而 WVD 则被大量交叉项所干扰，本章算法恰恰充分利用了上述两种算法的优点，从 FrFT 的旋转性着手，充分考虑所有具有能量的方向，通过贪婪算法迭代生成模糊域多向窗函数，较大程度地减少交叉项的干扰。从本节实验可以看到，本章算法同样适用于较为复杂的非线性模型。

4.5　实际资料处理及应用

本节将把提出的算法应用于地震信号谱分解技术中，首先通过单道地震信号仿真，验证本章算法，然后对一组二维(Two Dimension，2D)地震信号进行频谱分解分析。图 4-14 展示了单道地震信号时频分析结果，其中图 4-14(b)～(d)分别表示 OFrGT，WVD 以及本章方法的 TFD。可以看到，本章提出方法具有较高的时频分辨率，并且交叉项被基本去除干净。再进一步对比图 4-14(b)和图 4-14(d)，可以观察到，本章提出算法在高频区域的能量衰减更快，这更加符合油气高频衰减特性。

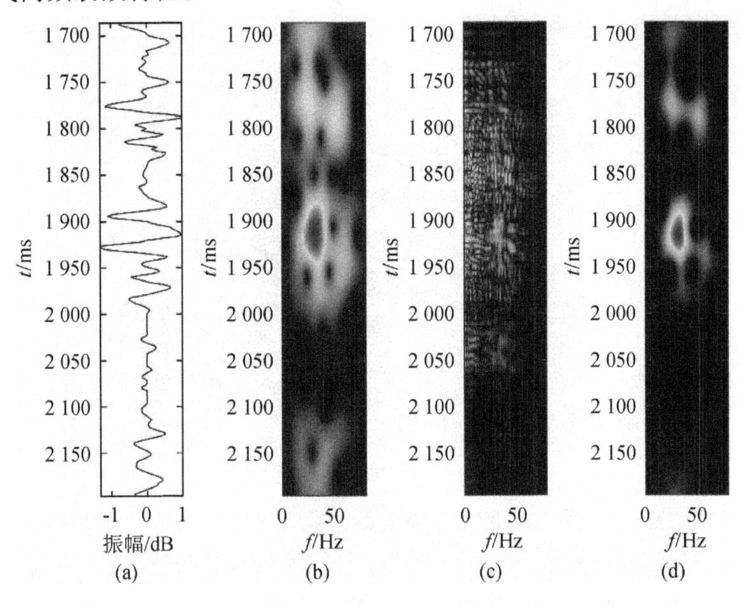

图 4 - 14　单道信号及其 TFDs

(a)单道地震信号;(b)OFrGT 的结果;(c)WVD 的结果;(d)本章方法的结果

考虑到所提出方法属于 Cohen 分布的一种,将提出方法与传统的 Cohen 分布方法(Choi-Williams 分布与平滑伪 Wigner-Ville 分布)进行对比,详见图 4 - 15。如图 4 - 15(b)～(c)所示,在 Choi-Williams 分布和平滑伪 Wigner-Ville 分布的结果中存在大量交叉项干扰,而本章提出方法则去除了大部分交叉项。

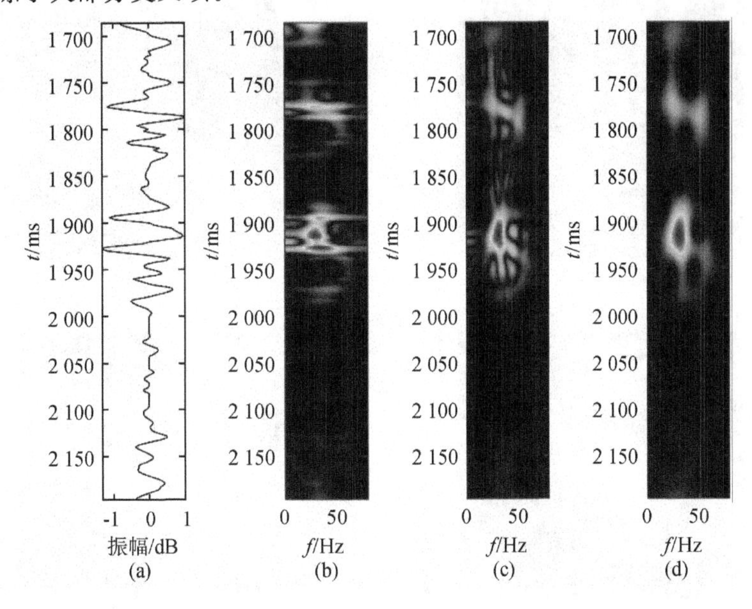

图 4 - 15　单道地震记录及其时频图

(a)单道地震记录;(b)Choi-Williams 分布的结果;

(c)平滑伪 Wigner-Ville 分布的结果;(d)本章方法的结果

下面将本章算法用于地震信号谱分解技术，图 4－16 为二维原始地震信号，数据采样时间为 2 ms，图中的 X_1 井为高产井，日产量达 54.18×10⁴ m³/d。

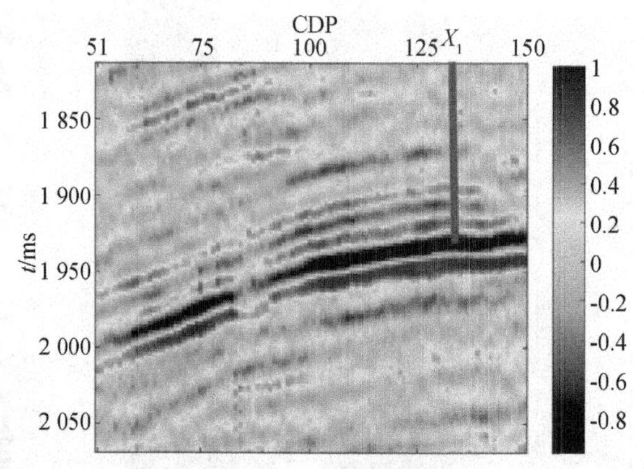

图 4－16　二维地震数据

图 4－17 给出由 OFrGT 算法提取的单频属性。图 4－18 展示了 WVD 算法在谱分解技术中的应用。从图 4－18 可以看到，由于 WVD 算法尽管精度较高，但是存在大量交叉项，导致提取的单频属性存在很多虚假信息，无法区分出含气层的频率特征。最后给出本章方法提取的单频属性，如图 4－19 所示。对比图 4－18 和图 4－19 可以看到，本章算法在保持较高分辨率的同时，很好地去除 WVD 的交叉项。对比图 4－17 和图 4－19 可以看到，本章算法提取的单频属性分辨率高于 OFrGT，在 45 Hz 和 55 Hz 频率切片出现了显著的能量衰减，这与实际储层高频衰减特性吻合。综上所述，本章提出方法具有更高的时频分辨率，可用于提高储层预测精度。

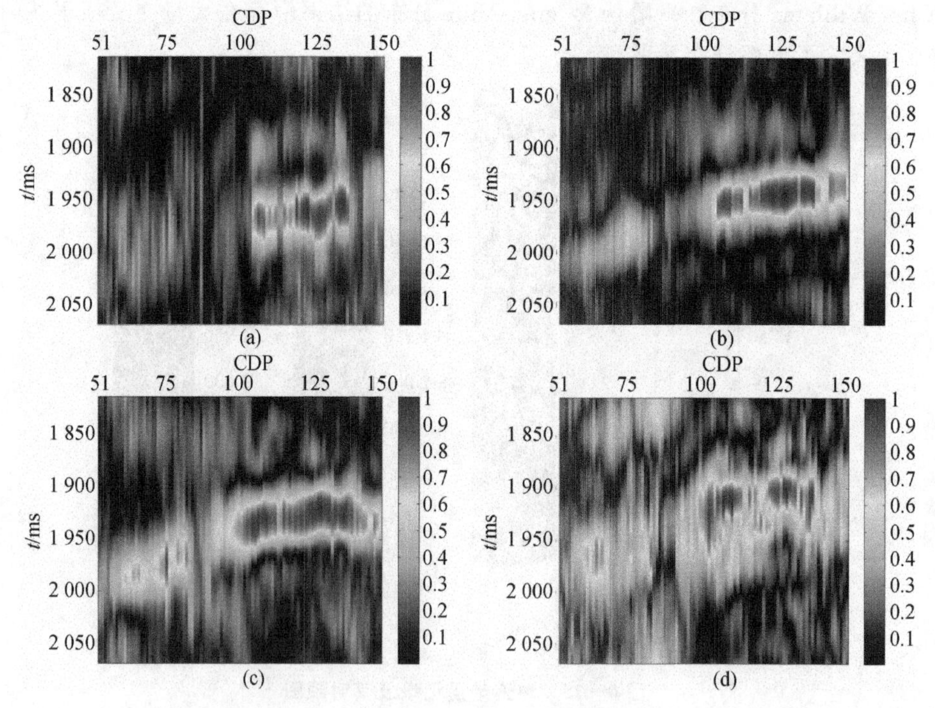

图 4－17　OFrGT 提取的单频属性

(a)15 Hz 单频剖面；(b)30 Hz 单频剖面；(c)45 Hz 单频剖面；(d)55 Hz 单频剖面

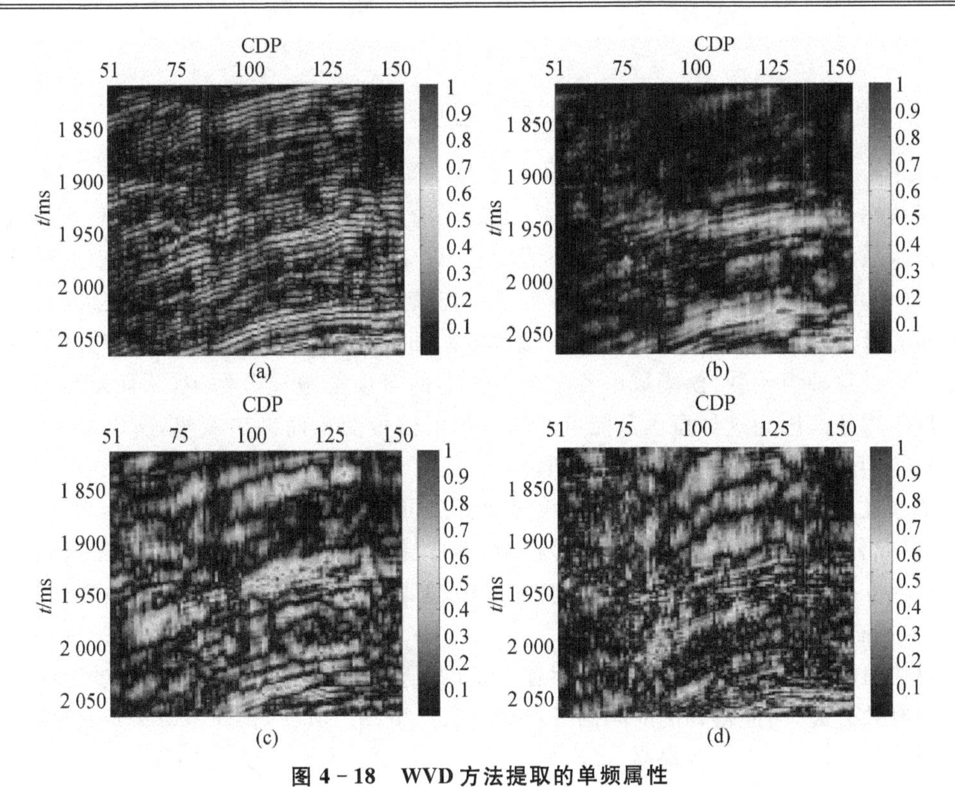

图 4-18　WVD 方法提取的单频属性

(a)15 Hz 单频剖面;(b)30 Hz 单频剖面;(c)45 Hz 单频剖面;(d)55 Hz 单频剖面

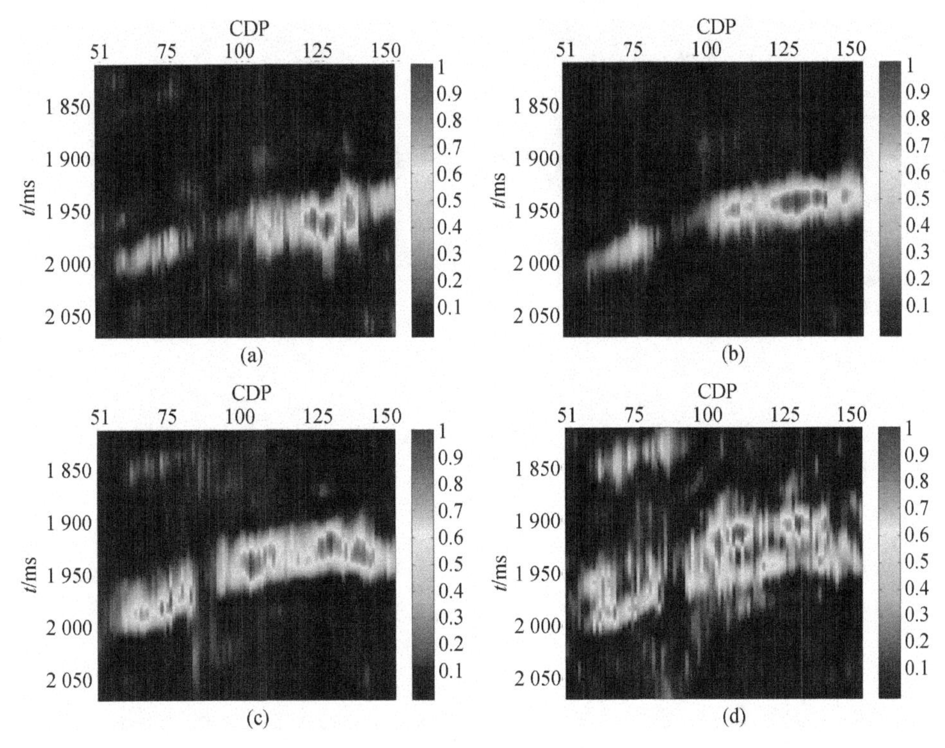

图 4-19　本章算法提取的单频属性

(a)15 Hz 单频剖面;(b)30 Hz 单频剖面;(c)45 Hz 单频剖面;(d)55 Hz 单频剖面

4.6 本章小结

本章从 GT 和 Cohen 类时频分析关系出发，结合 FrFT 旋转性和贪婪搜索思想，形成模糊域多向窗函数设计的方法，一方面很好地消除了 WVD 的交叉项，另一方面又充分搜索到信号在各个方向的主成分，最大程度保留信号自项，同时解决了 OFrGT 的局部聚集问题。通过结合 GT 和 Cohen 类时频分析的关系，将一维单方向的最有窗函数推广为二维多方向的模糊域窗函数。通过这种窗函数，模糊域中各个主要方向的自项都被充分保护，从而避免了 OFrGT 的局部聚集现象。因为这种窗函数能自适应地根据信号变化而做出调整，所以能更好地匹配自项，去除 Wigner-Ville 分布中的交叉项。

本章通过三种时频模型和实际地震信号对算法可行性进行验证，实验表明，对于单成分信号模型，多成分信号模型以及非线性信号模型，本章提出方法都能自适应调整窗函数的形状，并获得较为准确的时频分布。经过理论分析和模型测试，将提出方法应用到地震信号谱分解中，有利于提高储层预测的精确度。

需要指出的是，本章提出方法依然存在一定的局限性。首先，若原子信号过于相似，则难以将他们有效分离，因此得到的时频图分辨率会有所下降。其次，由于本章采取贪婪算法进行子信号分离，导致算法复杂度提高，提出方法是一种非常耗时的算法，在工程应用上，还需要对其快速算法进行更深入的研究。

第5章　基于稀疏时频分析的地震信号谱分解

时频分析技术广泛应用于各类工程领域，而传统的时频分析中存在分辨率不足或被交叉项干扰的问题。为了提高时频分辨率并避免交叉项的干扰，本章提出一种稀疏局部时频谱重构模型。该模型设计了稀疏频谱重构矩阵，并充分利用了 L1 范数挖掘信号时频谱的稀疏先验。本章利用一阶原始对偶方法求解提出的局部时频谱反演模型，该方法能快速获得局部稀疏反演频谱。一方面，本章通过 L1 约束可以提高时频分析的精度，另一方面，本章方法是基于短时傅里叶变换和凸优化技术的，本质上属于线性时频分析方法，也不存在任何交叉项的干扰。通过实验可以看到，本章提出方法能获得更精准的时频谱。本章最后将提出方法应用于地震信号谱分解分析中，实验表明，本章方法得到的频率切片具有较高分辨率。

5.1　概　　述

在本书绪论中提到，不存在完全没有交叉项且分辨率高的双线性分布[104]。因此，要获得较为理想的时频分布，还是应该着眼于线性时频分析方法。本章将讨论如何利用稀疏表示解决短时傅里叶变换的低分辨率问题。近年来，随着对稀疏表示技术的深入研究，基于稀疏表示的时频分析方法开始出现[71-73, 114-119]。稀疏时频分析方法已经成为时频分析技术的研究热点。

本章首先分析传统短时傅里叶变换的机理，并详细讨论加窗的截断过程对重建频谱的影响。接下来建立短时测量与稀疏频谱之间的关系，并引入 L1 约束，提高重建频谱的稀疏性，从而获得更高精度的时频分布。本章将短时加窗的信号视为稀疏表示中的观测信号，并将稀疏频谱视作重构对象，通过调节模型中的平衡系数，保证频谱的稀疏先验。

本章利用一阶原始对偶方法[120]求解提出的稀疏时频分析模型。在本章实验中可以看到，提出的方法和模型有效解决了短时傅里叶变换时频分辨率较低的问题。本章的实验部分对比各类较新的时频分析方法，例如 SSWT[23]、稀疏 Cohen 类分布（Sparse Cohen Distribution，SCD）[73]等。本章中，评价时频分析结果的指标主要有 CM、Renyi 熵、峰值性噪比等[121-123]。

5.2　预 备 知 识

5.2.1　稀疏重构的 P_0 和 P_1 建模

稀疏表示是信号处理领域的研究热点之一。本书 2.4 节详细阐述了稀疏表示的基本原理，这里不再赘述。

SR 问题建模为

$$P_0: \min \|\boldsymbol{x}\|_0, \text{ s.t. } y = \boldsymbol{\Theta x} \tag{5-1}$$

式中，$\|g\|_0$ 为 L0 范数。L0 范数用于衡量矩阵或向量中非零元素的个数。

该问题为非确定多项式问题（Non-deterministic Polynomial Hard，NP-Hard），通常采用 L1 范数对 L0 范数进行凸松弛。式(5-1)可用式(5-2)来进行近似计算。

$$P_1: \min \|\boldsymbol{x}\|_1, \text{ s.t. } y = \boldsymbol{\Theta x} \tag{5-2}$$

5.2.2 Chambolle-Pock 一阶原始对偶方法

Chambolle 和 Pock 提出的一阶原始对偶方法通过共轭变换（也称为 Legendre-Fenchel 变换）将原始问题转化为一阶原始对偶问题，占用内存少，收敛速度快[120]。假设原始问题数学表达式为

$$\min_{u} F(\boldsymbol{Ku}) + G(\boldsymbol{u}) \tag{5-3}$$

通过共轭变换将原始问题转化为原始对偶问题，

$$\min_{u}\max_{p}\langle \boldsymbol{Ku}, \boldsymbol{p}\rangle + G(\boldsymbol{u}) - F^*(\boldsymbol{p}) \tag{5-4}$$

式中，$\boldsymbol{K}$ 为某种算子；$F^*(\boldsymbol{p}) = \sup_{p}\{\langle \boldsymbol{Ku}, \boldsymbol{p}\rangle - F(\boldsymbol{Ku})\}$ 为原函数 F 的共轭变换结果；$\boldsymbol{p}$ 表示原始变量的对偶变量。

由于一阶原始对偶方法为 Chambolle 和 Pock 发明，因此也被称为 CP 方法。

5.3 提出方法

将截断信号与高斯窗函数进行加权，并视该信号为频域稀疏的信号，这样就建立起一个基于稀疏表示与短时傅里叶变换的稀疏短时频谱重构模型，通过增加稀疏正则项约束，可以有效提高时频分布的稀疏性，同时由于该模型建立在 STFT 基础上，因此没有交叉项的干扰。

下面介绍 STFT 的基本原理，STFT 首先将离散信号 $\boldsymbol{s} \in \mathbb{C}^{N\times 1}$ 分解为 N 个长度为 M(M 为奇数，$M \ll N$) 的子信号 $\boldsymbol{s}_i \in \mathbb{C}^{M\times 1}(i = 1,2,\cdots,M)$，然后用窗函数加权子信号，即

$$\boldsymbol{y}_i = \boldsymbol{g}\circ\boldsymbol{s}_i \tag{5-5}$$

式中，$\boldsymbol{g} \in \mathbb{R}^{M\times 1}$ 表示加权子信号的高斯窗函数。$\boldsymbol{s}_i$ 是以原信号 $\boldsymbol{s}$ 的第 i 个点为中心，两边各取 $(M-1)/2$ 个数据作为子信号。为保证每个子信号都是 M 个点，要将原始信号两端各补长度为 $(M-1)/2$ 的零数据。

图 5-1 给出 STFT 的示意图。

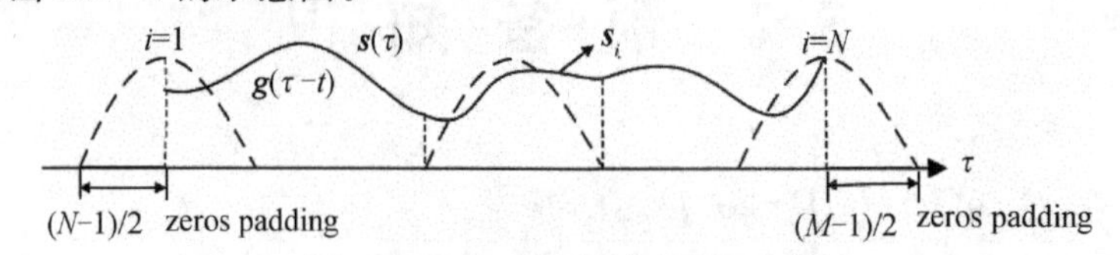

图 5-1 短时傅里叶变换示意图

假定局部时间内的加权子信号 $\boldsymbol{y}_i$ 的频谱为 $\boldsymbol{x}_i \in \mathbb{C}^{N\times 1}$，则 $\boldsymbol{x}_i$ 与 $\boldsymbol{y}_i$ 之间存在关系为

$$\boldsymbol{y}_i \approx \boldsymbol{S}\boldsymbol{F}^{-1}\boldsymbol{x}_i \tag{5-6}$$

式中，$\boldsymbol{S}$ 表示选择矩阵(Selecting Matrix，SM)，定义为

$$\boldsymbol{S} = [\boldsymbol{I}|\boldsymbol{O}] \tag{5-7}$$

式中，$\boldsymbol{I} \in \mathbb{R}^{M\times M}$ 为单位矩阵。$\boldsymbol{O} \in \mathbb{R}^{M\times(N-M)}$ 为零矩阵。$\boldsymbol{S}$ 矩阵起到将 $\boldsymbol{F}^{-1}\boldsymbol{x}_i \in \mathbb{C}^{N\times 1}$ 的前 M 个点截取的作用。

式(5-6) 中，$\boldsymbol{F}$ 表示 FT 矩阵，定义为

$$\boldsymbol{F} = \begin{bmatrix} 1 & 1 & 1 & \cdots & 1 \\ 1 & W_N^1 & W_N^2 & \cdots & W_N^{N-1} \\ 1 & W_N^2 & W_N^4 & \cdots & W_N^{2(N-1)} \\ \vdots & \vdots & \vdots & & \vdots \\ 1 & W_N^{N-1} & W_N^{2(N-1)} & \cdots & W_N^{(N-1)\times(N-1)} \end{bmatrix} \tag{5-8}$$

式中，$W_N = \mathrm{e}^{-\mathrm{j}\frac{2\pi}{N}}$。

对比式(5-2) 和式(5-6)，可得，$\boldsymbol{\Theta} = \boldsymbol{S}\boldsymbol{F}^{-1}$。

将稀疏约束引入式(5-6)，可得稀疏反演模型为

$$\min \left\| \boldsymbol{x}_i \right\|_1, \text{ s. t. } \boldsymbol{y}_i = \boldsymbol{\Theta}\boldsymbol{x}_i \Big|_{\Theta = SF^{-1}} \tag{5-9}$$

图 5-2 给出提出算法的示意图。为方便讨论，图 5-2 中特意将信号的前半部分用低频正弦信号填充，后半部分用高频信号填充，截断的子信号为 $\boldsymbol{s}_i$，并假设其频谱为 $\boldsymbol{x}_i$。传统短时傅里叶变换在截断信号后，直接对截断的信号进行傅里叶变换保证，而截断引入的频率成分将降低 STFT 的分辨率。本章提出的方法则是将局部频率谱作为反演和优化的对象，通过增加 L1 约束项来提高频谱的稀疏性，同时保证该频谱反演波形的前 M 个点(即图 5-2 中右下角的信号曲线)尽可能接近截断的子信号(即图 5-2 中右上角的信号曲线)。可以看到，在稀疏约束和保真约束两个约束的共同作用下，反演后截取的红色信号约等于短时滑窗的截断信号。

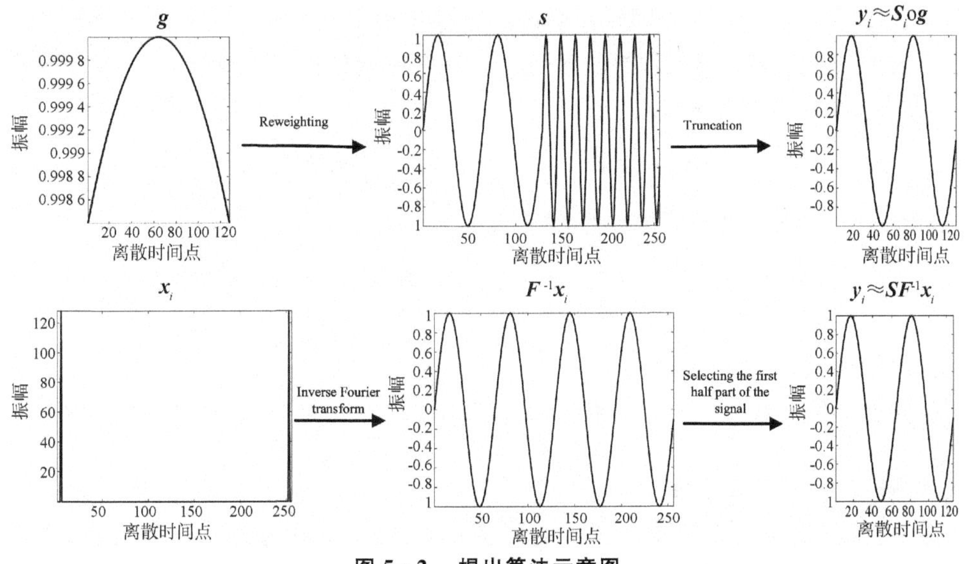

图 5-2　提出算法示意图

式(5-9)等价于式(5-10)。

$$\min \left\| \boldsymbol{x}_i \right\|_1 + \frac{1}{2\mu} \left\| \boldsymbol{y}_i - \boldsymbol{\Theta x}_i \right\|_2^2 \tag{5-10}$$

式中，μ 为调节保真项$\frac{1}{2}\left\| \boldsymbol{y}_i - \boldsymbol{\Theta x}_i \right\|_2^2$与稀疏正则项$\left\| \boldsymbol{x}_i \right\|_1$的平衡系数。

令 $\boldsymbol{K}$ 为单位矩阵 $\boldsymbol{I}$，并令 $\boldsymbol{u} = \boldsymbol{x}_i$，然后观察式(5-3)可得，$F(\boldsymbol{Kx}_i) = \left\| \boldsymbol{x}_i \right\|_1$，$G(\boldsymbol{x}_i) = \frac{1}{2\mu}\left\| \boldsymbol{\Theta x}_i - \boldsymbol{y}_i \right\|_2^2$。然后利用共轭变换，得

$$\min_{x_i} \max_{p} \langle \boldsymbol{x}_i, \boldsymbol{p} \rangle + \frac{1}{2\mu} \left\| \boldsymbol{\Theta x}_i - \boldsymbol{y}_i \right\|_2^2 - F^*(\boldsymbol{p}) \tag{5-11}$$

其中$\left\| \boldsymbol{x}_i \right\|_1$的共轭变换函数是

$$\delta_P(\boldsymbol{p}) = \begin{cases} 0 & \text{当 } \boldsymbol{p} \in P \text{ 时} \\ +\infty & \text{其它} \end{cases}, \ P = \left\{ \boldsymbol{p} \in P: \left\| \boldsymbol{p} \right\|_\infty = \max\{\boldsymbol{p}\} \leqslant 1 \right\}$$

则有

$$\min_{x_i} \max_{p} \langle \boldsymbol{x}_i, \boldsymbol{p} \rangle + \frac{1}{2\mu} \left\| \boldsymbol{\Theta x}_i - \boldsymbol{y}_i \right\|_2^2 - \delta_P(\boldsymbol{p}) \tag{5-12}$$

式(5-12)可使用前向后向分裂方法来求解。

对于对偶变量 $\boldsymbol{p}$，将其先进行前向分裂，获前向分裂解[120]，即

$$\widetilde{\boldsymbol{p}}^{(k)} = \boldsymbol{p}^{(k)} + \sigma \bar{\boldsymbol{x}}_i^{(k)} \tag{5-13}$$

式中，$\bar{\boldsymbol{x}}_i^{(k)}$ 为加速变量；σ 为 $\boldsymbol{p}$ 变量的学习率。

对 $\widetilde{\boldsymbol{p}}^{(k)}$ 进行后向分裂操作，即

$$\boldsymbol{p}^{(k+1)} = (\boldsymbol{J} + \sigma\, \partial F^*)^{-1}(\widetilde{\boldsymbol{p}}^{(k)}) = \frac{\widetilde{\boldsymbol{p}}^{(k)}}{\max(1, |\widetilde{\boldsymbol{p}}^{(k)}|./\sigma)} \tag{5-14}$$

式中，$\boldsymbol{J} \in \mathbb{R}^{N\times N}$ 为单位矩阵，./ 表示点除操作。

对于 $\boldsymbol{x}_i$，将做前向分裂，即

$$\widetilde{\boldsymbol{x}}_i^{(k)} = \boldsymbol{x}_i^{(k)} - \tau \boldsymbol{p}^{(k+1)} \tag{5-15}$$

式中，τ 为 $\boldsymbol{x}_i$ 变量的学习率。然后，对原始变量 $\boldsymbol{x}_i$ 进行后向分裂计算，即

$$\begin{aligned} \boldsymbol{x}_i^{(k+1)} &= (\boldsymbol{J} + \tau \partial G)^{-1}(\widetilde{\boldsymbol{x}}_i^{(k)}) \\ &= \arg\min_{x_i} \left\{ \frac{1}{2} \left\| \boldsymbol{x}_i^{(k+1)} - \widetilde{\boldsymbol{x}}_i^{(k)} \right\|_2^2 + \frac{\tau}{2\mu} \left\| \boldsymbol{\Theta x}_i^{(k+1)} - \boldsymbol{y}_i \right\|_2^2 \right\} \end{aligned} \tag{5-16}$$

对式(5-16)等号右边进行求导并置零，得

$$\boldsymbol{x}_i^{(k+1)} = \frac{\widetilde{\boldsymbol{x}}_i^{(k)} + \frac{\tau}{\mu} \boldsymbol{\Theta}^H \boldsymbol{y}_i}{\boldsymbol{J} + \frac{\tau}{\mu} \boldsymbol{\Theta}^H \boldsymbol{\Theta}} \tag{5-17}$$

注意到 $\boldsymbol{J} + \frac{\tau}{\mu}\boldsymbol{\Theta}^H\boldsymbol{\Theta} \in \mathbb{C}^{N\times N}$，对其做求逆运算的复杂度为 $O(N^3)$。可利用下列定理求解$\left(\boldsymbol{J} + \frac{\tau}{\mu}\boldsymbol{\Theta}^H\boldsymbol{\Theta}\right)^{-1}$，提高收敛速度。

定理 5.1：对于任意矩阵 $\boldsymbol{A} \in \mathbb{C}^{N\times N}$，$\boldsymbol{B} \in \mathbb{C}^{N\times M}$，$\boldsymbol{C} \in \mathbb{C}^{M\times N}$，都有[124]

$$(\boldsymbol{A} + \boldsymbol{BC})^{-1} = \boldsymbol{A}^{-1} - \boldsymbol{A}^{-1}\boldsymbol{B}(\boldsymbol{I} + \boldsymbol{CA}^{-1}\boldsymbol{B})^{-1}\boldsymbol{CA}^{-1} \tag{5-18}$$

令 $\boldsymbol{A}=\boldsymbol{J},\boldsymbol{B}=\boldsymbol{\Theta}^H,\boldsymbol{C}=\frac{\tau}{\mu}\boldsymbol{\Theta}$，则根据式(5-18)有

$$\left(\boldsymbol{J}+\frac{\tau}{\mu}\boldsymbol{\Theta}^H\boldsymbol{\Theta}\right)^{-1}=\boldsymbol{J}-\boldsymbol{\Theta}^H\left(\boldsymbol{I}+\frac{\tau}{\mu}\boldsymbol{\Theta}\boldsymbol{\Theta}^H\right)^{-1}\frac{\tau}{\mu}\boldsymbol{\Theta} \tag{5-19}$$

注意到 $M=N$，$\left(\boldsymbol{I}+\frac{\tau}{\mu}\boldsymbol{\Theta}\boldsymbol{\Theta}^H\right)^{-1}$ 的计算复杂度降为 $O(M^3)$，则式(5-19)的计算复杂度下降为 $O(N^2M)$。显然运算效率大幅提高。

根据一阶原始对偶方法，加速变量 $\bar{\boldsymbol{x}}_i^{(k)}$ 迭代为

$$\bar{\boldsymbol{x}}_i^{(k+1)}=\boldsymbol{x}_i^{(k+1)}+\theta(\boldsymbol{x}_i^{(k+1)}-\boldsymbol{x}_i^{(k)}) \tag{5-20}$$

式中，$\theta\in[0,1]$ 表示加速因子。

最后，需要将稀疏重构频谱进行中心化操作，即

$$\boldsymbol{x}_i^{(k+1)}=\mathrm{fftshift}(\boldsymbol{x}_i^{(k+1)})\quad(i=1,2,\cdots,N) \tag{5-21}$$

式中，fftshift 为中心化操作算子。

本章提出算法总结如算法 5-1 所示。

算法 5-1　基于一阶原始对偶方法的稀疏时频分布

输入：$\boldsymbol{s}_i,\boldsymbol{\Theta}$

输出：$\boldsymbol{x}_i(i=1,2,\cdots,N)$

初始化：$\boldsymbol{x}_i^{(1)}=\boldsymbol{0}$，$\bar{\boldsymbol{x}}_i^{(1)}=\boldsymbol{0}$，$\tilde{\boldsymbol{x}}_i^{(1)}=\boldsymbol{0}$，$\tilde{\boldsymbol{p}}^{(1)}=\boldsymbol{0}$，$\boldsymbol{p}^{(1)}=\boldsymbol{0}$，Max，$\tau$，$\sigma$

1：For $i=1:N$ do

2：利用式(5-5)加权子信号，获得 $\boldsymbol{y}_i(i=1,2,\cdots,N)$；

3：For $k=1$：Max do

4：$\tilde{\boldsymbol{p}}^{(k)}=p^{(k)}+\sigma\bar{\boldsymbol{x}}_i^{(k)}$；

5：$\boldsymbol{p}^{(k+1)}=\tilde{\boldsymbol{p}}^{(k)}/(\max(1,|\tilde{\boldsymbol{p}}^{(k)}|./\sigma))$；

6：$\tilde{\boldsymbol{x}}_i^{(k)}=x_i^{(k)}-\tau\boldsymbol{p}^{(k+1)}$；

7：$\boldsymbol{x}_i^{(k+1)}=\left(\tilde{\boldsymbol{x}}_i^{(k)}+\frac{\tau}{\mu}\boldsymbol{\Theta}^H y_i\right)/\left(\boldsymbol{J}+\frac{\tau}{\mu}\boldsymbol{\Theta}^H\boldsymbol{\Theta}\right)$；

8：$\bar{\boldsymbol{x}}_i^{(k+1)}=\boldsymbol{x}_i^{(k+1)}+\theta(\boldsymbol{x}_i^{(k+1)}-\boldsymbol{x}_i^{(k)})$；

9：　End for

10：End for

11：$\boldsymbol{x}_i^{(k+1)}=\mathrm{fftshift}(\boldsymbol{x}_i^{(k+1)})\ (i=1,2,\cdots,N)$；

12：Return $\boldsymbol{x}_i^{(k+1)}(i=1,2,\cdots,N)$.

5.4 数值实验

5.4.1 评价指标

评价时频分析结果的指标 CM、Renyi 熵、峰值性噪比。CM 的定义为

$$\mathrm{CM}=\frac{\int_{-\infty}^{\infty}\int_{-\infty}^{\infty}|\mathrm{TF}(t,f)|^{4}\mathrm{d}t\mathrm{d}f}{\left(\int_{-\infty}^{\infty}\int_{-\infty}^{\infty}|\mathrm{TF}(t,f)|^{2}\mathrm{d}t\mathrm{d}f\right)^{2}} \tag{5-22}$$

式中，$\mathrm{TF}(t,f)$ 表示时频分布。CM 越大时频分布越聚集。Renyi 熵定义为

$$R_{\alpha}(\mathrm{TF}(t,f))=\frac{1}{1-\alpha}\log_{2}\int_{-\infty}^{\infty}\int_{-\infty}^{\infty}\mathrm{TF}^{\alpha}(t,f)\mathrm{d}t\mathrm{d}f \tag{5-23}$$

式中，$\alpha=3$。Renyi 熵越小则时频分布越聚集。

5.4.2 理论信号测试

为验证本章算法的有效性，本节用形如式(5-24)的理论信号进行测试。

$$s(t)=\sin\left\{50\pi t-48\left[(\cos(t)+\frac{1}{9}\cos(3t)+\frac{1}{25}\cos(5t)+\frac{1}{49}\cos(7t))\right]\right\} \tag{5-24}$$

式中，采样频率为 64 Hz，时间范围为 $t\in[0\ \mathrm{s},8\ \mathrm{s}]$。

根据该信号表达式，可以得到信号的瞬时相位为

$$\varphi(t)=50\pi t-48\left[\cos(t)+\frac{1}{9}\cos(3t)+\frac{1}{25}\cos(5t)+\frac{1}{49}\cos(7t)\right]$$

因此信号的瞬时频率为

$$f(t)=\frac{1}{2\pi}\frac{\mathrm{d}\varphi(t)}{\mathrm{d}t}=$$

$$25+\frac{24}{\pi}\left[\sin(t)+\frac{1}{3}\sin(3t)+\frac{1}{5}\sin(5t)+\frac{1}{7}\sin(7t)\right] \tag{5-25}$$

图 5-3(a)将理论信号的实部显示出来。可以看到，信号的频率随时间变化而变化，是一个典型的非平稳信号。图 5-3(b)为该信号理想的时频分布图。从图 5-3(c)中可以观察到，传统的短时傅里叶变换方法分辨率较低。WVD 方法[见图 5-3(d)]受到严重的交叉项干扰。AOK 方法[见图 5-3(e)]获得的时频图不能完全去除交叉项的干扰。类似地，SCD 方法[见图 5-3(f)]也不能完全去除交叉项的干扰。观察图 5-3(g)，可以发现 SSWT 的负频率无法显示。图 5-3(h)为本章提出方法，即基于 Chambolle-Pock 法的稀疏时频分析方法(Sparse Time-Frequency Analysis based on Chambolle-Pock，STFA-CP)得到的时频图，该时频分布是最接近理想时频分布的。

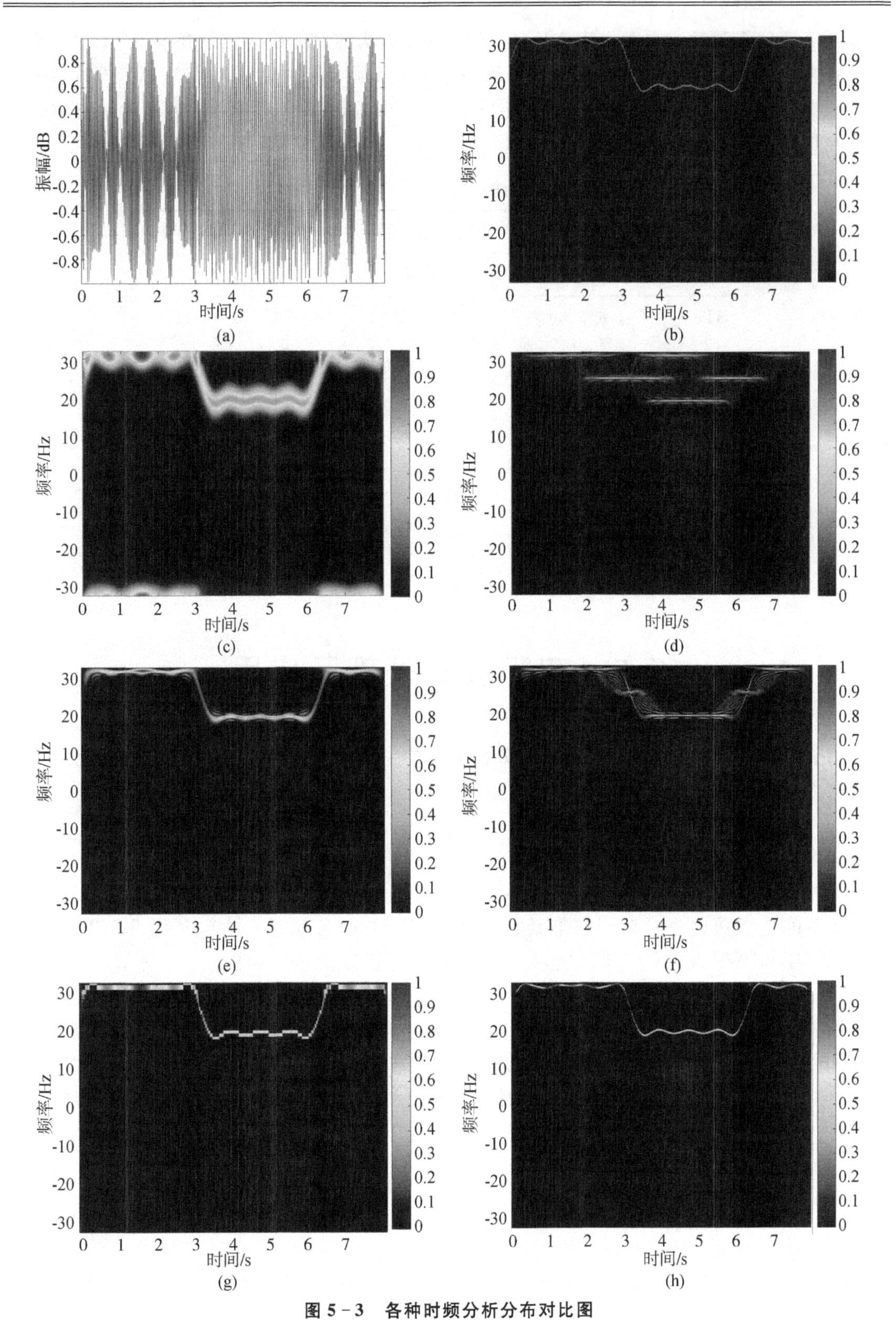

图 5－3　各种时频分析分布对比图

(a)测试信号；(b)测试信号的理想时频分布；(c)STFT 的结果；(d)WVD 的结果；
(e)AOK 的结果；(f)SCD 的结果；(g)SSWT 的结果；(h)本章方法的结果

为定量分析和对比本章提出方法，本节将各种算法的性能指标记录在表 5－1 中。从表 5－1数据可以看到，本章提出方法获得了最小的 Renyi 熵和最大的 CM 值，这意味着本章方法得到的时频图具有最高的时频聚集性。同时，本章方法获得最高 PSNR 值，意味着本章方法获得的时频图最接近理想时频分析结果。

表 5－1　各种时频分析方法效果对比

方法	理论信号的评价指标			
	PSNR/dB	Renyi 熵	CM	时间/s
STFT	15.260 7	15.055 3	4.30E−5	0.22
WVD	24.637 6	14.250 2	2.38E−4	0.22
AOK	23.821 7	12.793 1	2.67E−4	0.83
SCD	25.057 7	12.144 3	6.10E−4	8.05
SSWT	22.677 4	12.181 4	2.83E−4	**0.19**
STFA-CP	**26.713 4**	**10.490 2**	**1.1E−3**	13.73

注：加粗表示指标最优。

5.5　实际资料处理及应用

本节将提出算法应用于地震信号谱分解中。首先展示单道地震信号的不同时频分布，然后将该方法应用到地震信号谱分解中。

5.5.1　单道地震信号测试

本节的地震数据来自四川东部某含气油田，如图 5－4 所示。本节利用 STFT，WVD，AOK，SCD，SSWT 及 STFA-CP 这六种方法分别分析该信号。如图 5－4 所示，该信号在 2 400～2 450 ms 区间内，频谱值先变高后变低。图 5－5 展示单道地震信号的各种时频分布对比图。STFT[见图 5－5(a)]一定程度反映了这一频谱变化过程，但分辨率较低。WVD[见图 5—5(b)]、AOK 方法[见图 5—5(c)]、SCD[见图 5－5(d)]存在交叉项的干扰。SSWT[见图 5－5(e)]不能准确地反映频率的分布情况。STFA-CP 算法[见图 5－5(f)]获得最高的时频聚集性。算法评价指标详见表 5－2。表 5－2 显示，STFA-CP 获得的 Renyi 熵最小，CM 最大，因此，其时频聚集性最好。

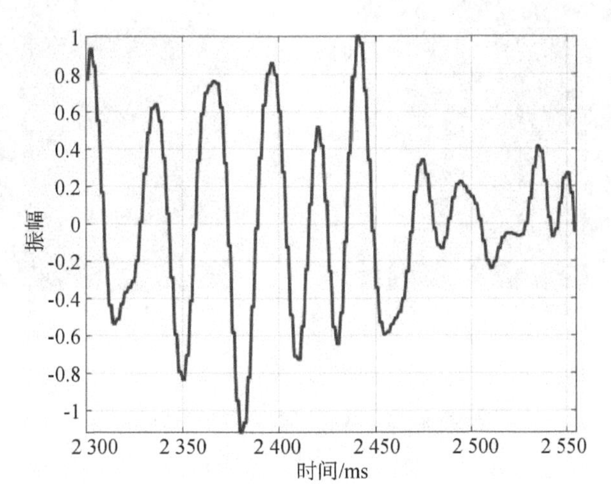

图 5-4　单道地震记录

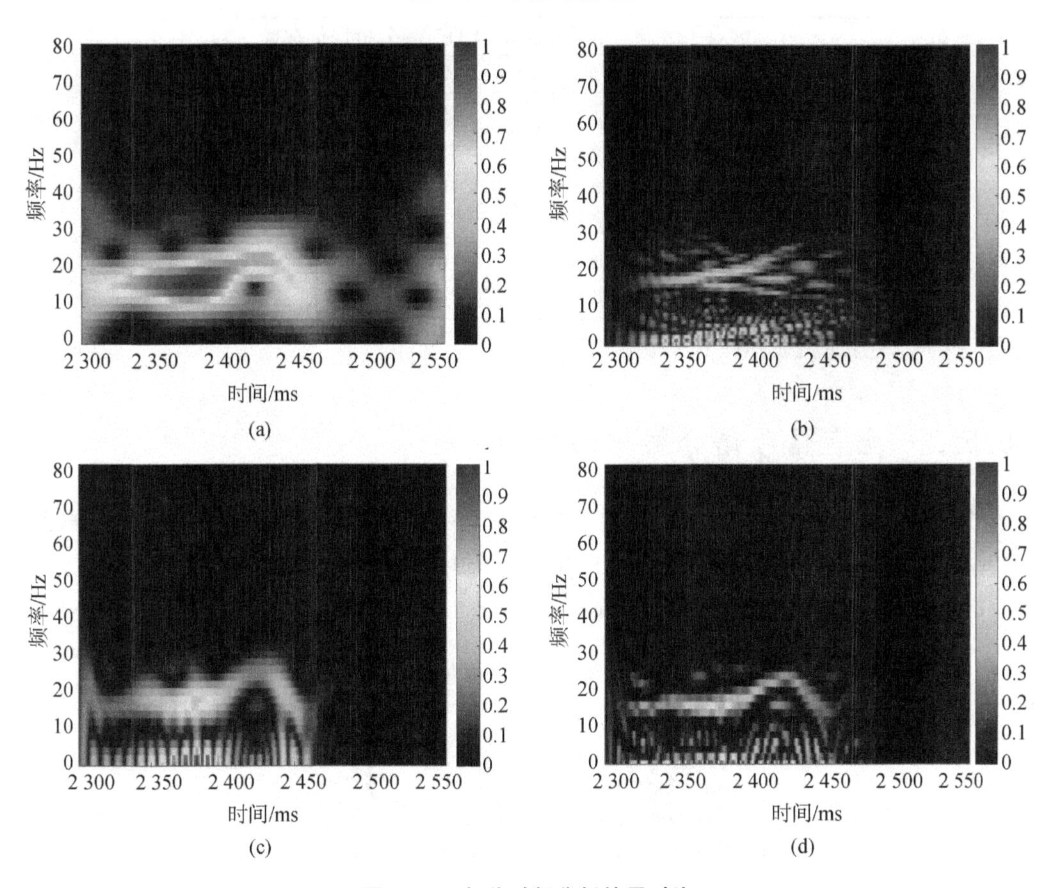

图 5-5　各种时频分析结果对比

(a)STFT;(b)WVD;(c)AOK;(d)SCD

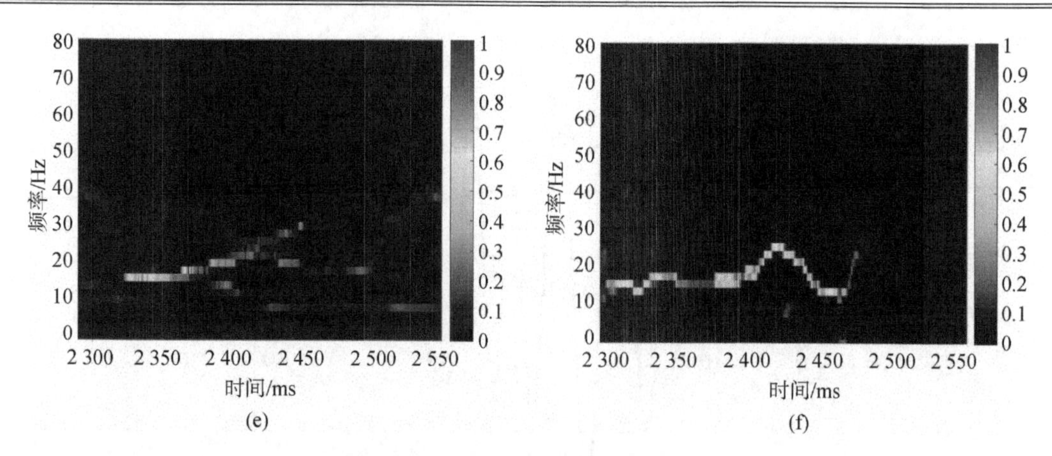

续图 5-5 各种时频分析结果对比

(e)SSWT;(f)STFA-CP

表 5-2 各种时频分析方法性能对比表

方法	单道地震信号的时频分析评价指标		
	Renyi 熵	CM	时间/s
STFT	12.81	3.29E−4	**0.03**
WVD	12.06	9.24E−4	0.08
AOK	11.60	6.70E−4	0.25
SCD	10.50	1.60E−3	1.39
SSWT	10.20	3.10E−3	0.23
STFA-CP	**9.08**	**5.90E−3**	5.33

注:加粗表示指标最优。

5.5.2 地震信号谱分解中的应用

本节将 STFA-CP 应用于 2D 地震信号谱分解,并比对不同时频分析算法的谱分解结果。该 2D 地震数据如图 5-6 所示。该剖面一共有两个井,X_1 和 X_2。一共有三个油层,X_1 井油层在 2 380 ms 的位置(见图 5-6 中的 S_1),X_2 油层在 2 350 ms 和 2 450 ms(见图 5-6 的 S_2 和 S_3)。

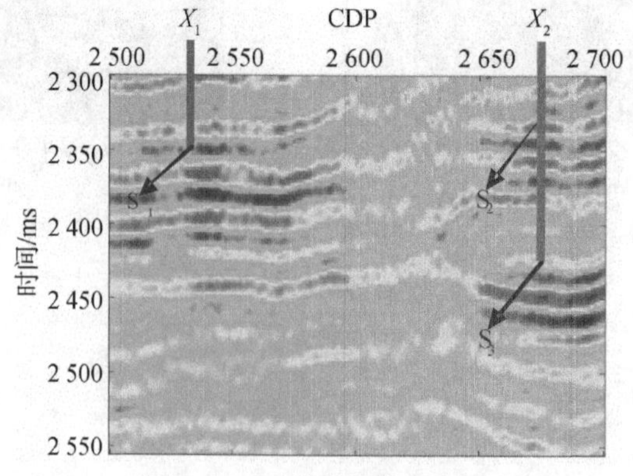

图 5-6 二维地震信号剖面

图 5－7 展示了 STFT 得到的单频属性。图 5－8 展示了 STFA-CP 方法获得的单频属性。显然，STFT 获得的单频属性分辨率较低，而 STFA-CP 方法能在主频剖面（20 Hz）上较为精确地定位油气位置。从图 5－8 中可以看到，在高频切片（35 Hz 与 50 Hz 切片）中，含气上出现较为明显的能量衰减，与含油气区域的高频衰减特征是一致的。

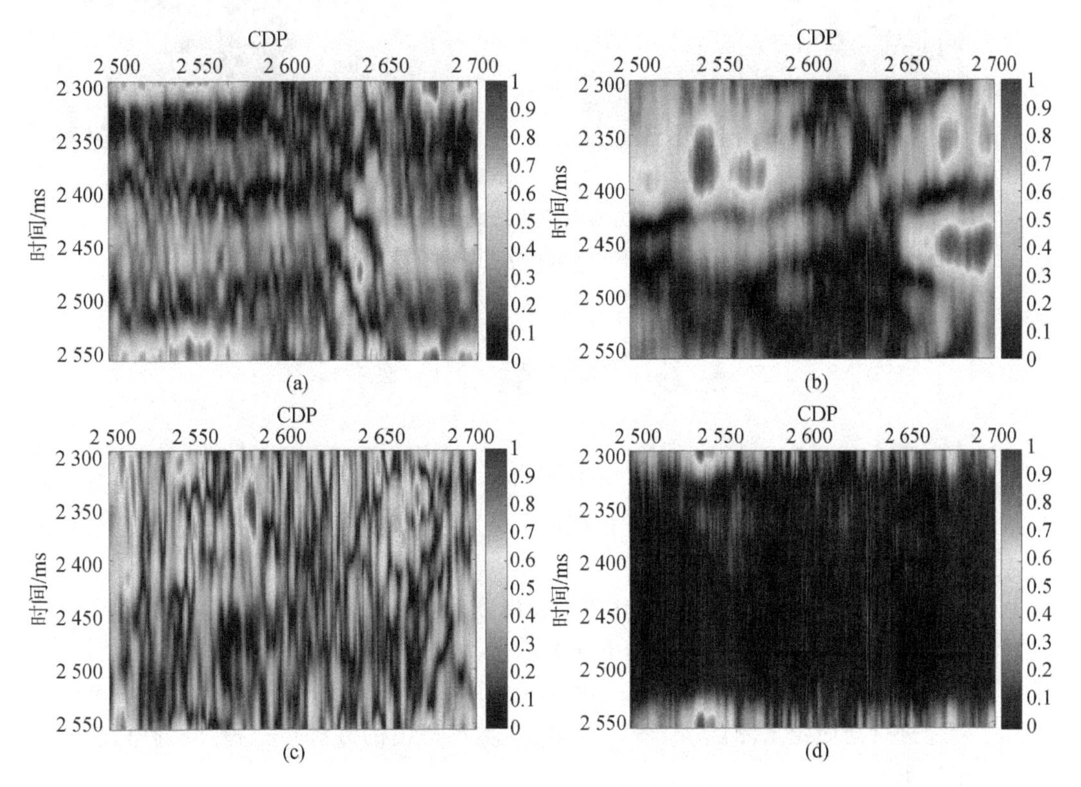

图 5－7　STFT 获得的二维地震单频属性剖面

(a)5 Hz 单频属性；(b)20 Hz 单频属性；(c)35 Hz 单频属性；(d)50 Hz 单频属性

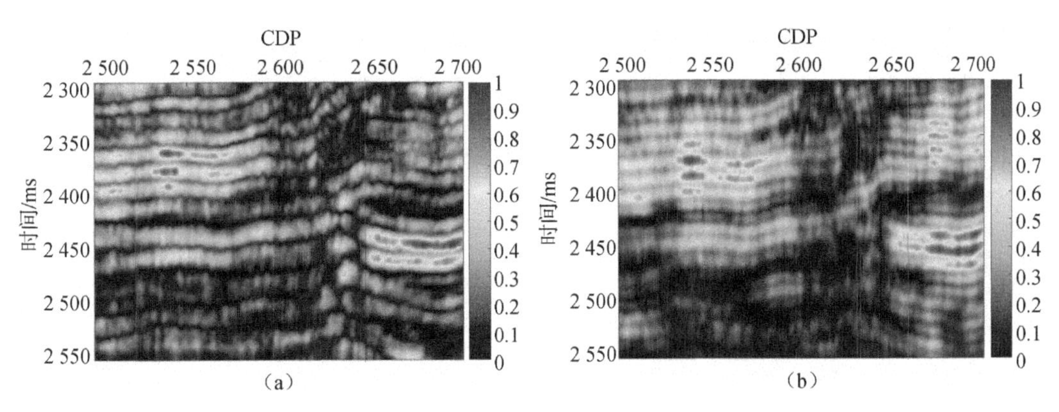

图 5－8　本章方法获得的二维地震单频属性剖面

(a)5 Hz 单频属性；(b)20 Hz 单频属性；

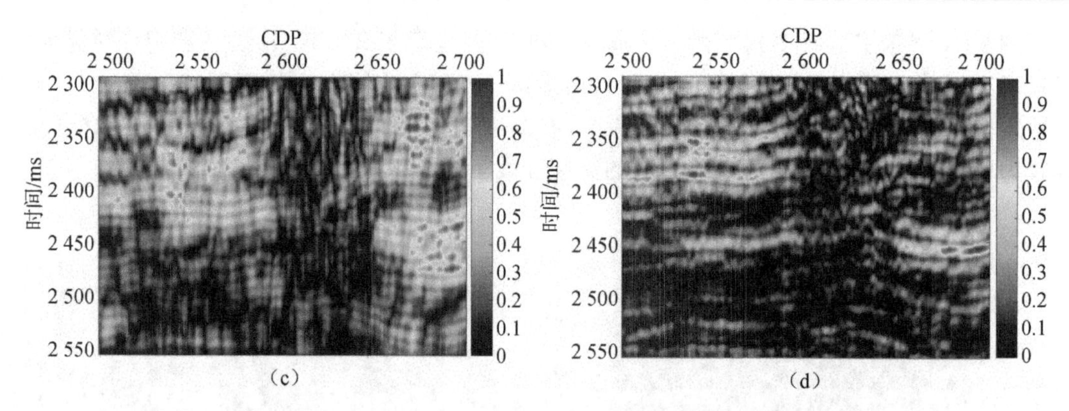

续图 5-8　本章方法获得的二维地震单频属性剖面

(c)35 Hz 单频属性;(d)50 Hz 单频属性

5.6　本章小结

本章从短时测量与稀疏频谱的关系出发,提出一种基于一阶原始对偶方法的稀疏时频重构模型。该模型建立了短时测量与稀疏频谱的关系,利用 L1 范数对反演的频谱进行稀疏约束,获得高精度时频谱。

为求解该模型,本章采用一阶原始对偶方法获得模型的最优解。从实验中可以看到,本章提出方法获得的时频谱相比于传统方法更加稀疏。本章通过理论时频模型和实际地震信号,将提出算法与各类现有的时频分析方法进行对比,并从 PSNR、Renyi 熵、时频聚集度以及运算时间等指标进行全面定量测试。实验结果表明,本章提出的方法是一种具有高精度时频分辨率的时频分析方法。

第6章　基于Lp伪范数的地震信号稀疏时频分析

本章以第5章提出模型为基础，引入Lp收缩算子，充分利用Lp伪范数挖掘地震信号局部时频谱的稀疏先验。本章利用交替乘子迭代法求解所提出的局部时频谱反演模型，该方法能快速、准确估计局部稀疏反演频谱。通过实验可以发现，本章方法可得到更高分辨率和高鲁棒性的时频分布。最后，将提出方法用于地震信号谱分解技术中，实验结果表明，该方法获得的分频切片具有更高的时频分辨率。

6.1　概　　述

在地震勘探领域，利用地震波在含油气区域的高频衰减特性可以有效定位和预测储层位置，因此，时频分析技术是储层预测的重要技术之一。目前应用与地震勘探领域的时频分析技术主要分两类，第一类是基于线性时频分析的方法，第二类是以Cohen类为主要代表的双线性时频分析方法[27]。两类传统时频分析有各自的优缺点，线性时频分析计算快捷，但是受到海森伯格测不准原理[125]的约束，分辨率较低。双线性时频分析具有较高的时频分辨率，但是被严重的交叉项干扰[26]。近年来，大量针对两类时频分析的改进工作出现。在线性时频分析的方面改进，Chen等人利用分数阶傅里叶变换[106]的旋转不变性提高了短时傅里叶变换的分辨率[110]。Wang等人基于二阶中心距提出一种基于FrFT的改进分数阶S变换[113]。Peng等人提出多项式Chirplet变换[126-127]、脊波(Chirplet)变换[128-129]等方法，这类方法将时频图视为连续曲线，并利用多项式或脊波拟合的方法从粗谱中获得瞬时频率曲线，在不断迭代中获得分辨率越来越高的时频图，该方法对于单成分信号效果显著，但是实际信号往往是复杂和多成分的，拟合多分量曲线势必需要对信号成分加以分离，这就导致运算成本大幅提高。在双线性时频分析方面的改进，人们根据实际需要，提出各种窗函数，如Choi-Williams分布[130]、B分布[50]、平滑伪Wigner-Ville分布[131]等，这些分布有个共同特点，就是在模糊域产生各种固定形状的窗函数，用于去除WVD的交叉项，由于形状固定，导致这些分布有一定的局限性。Chen等人吸收AOK的思想并结合分数阶傅里叶变换和贪婪策略提出一种多向窗自适应Cohen分布[102]。Mallat提出基于时频字典的匹配追踪算法，该方法将信号由过完备时频字典进行线性表示，从而避免了原子信号之间产生的交叉项，并利用WVD方法获得较高精度的时频图[42]。值得注意的是，这种方法需要预先定义一个巨大的原子库，导致算法计算量大和存储量过多等问题，若原子库的原子不能较好地匹配信号，则可能无法收敛。

近年来，随着稀疏表示技术的兴起以及最优化理论的不断成熟和完善，基于L1范数的稀疏时频分析方法开始出现，并应用于前面提到的两种传统时频分析技术中。Liu等人提出短时压缩感知算法[132-134]，将压缩感知技术引入时频分析，在此基础上根据得到的无模糊微多普勒频谱对目标微动特性进行估计,并对微动目标进行成像[71-72]。Stankovic 将多项式傅里叶变换域视为稀疏变换域,利用稀疏重构算法获得稀疏时频分布[114]。在双线性稀疏时频分析方面,Flandrin 等人首次将压缩感知技术应用于时频能量分布的计算[73]。该方法在模糊域选定部分区域作为欠采样观测,并以 L1 范数约束重构稀疏 Cohen 分布。若选定区域过大,则交叉项去除不干净,若选定区域过小,信号的自项又会被滤除[115]。此后,Whitelonis 等人将 Flandrin 提出的模型应用于雷达特征分析[116]。Jokanovic 和 Amin 等人[117]结合 AOK 和稀疏时频分析方法提出一种基于自适应窗的稀疏时频分析方法。Han 等人利用预定义的雷克子波原子组成字典矩阵和梯度投影 L1 方法进行稀疏时频重构[135]。Hou 和 Sun 等人提出基于压缩感知的短时傅里叶变换模型[119]。Gholami 利用分裂 Bregman 迭代[82]求解这种稀疏时频反演模型[136]。Sattari 和 Gholami 将这种基于 L1 约束的稀疏时频分析模型应用于地震信号分析[75]。Hu 和 He 等人在 Gholami 提出方法的基础上增加二范数正则项,并利用时频交替反演方法求解提出模型,并应用于雷达目标的参数估计[137]。Wang 和 Peng 基于 L1 约束提出稀疏 S 变换[138]。综上所述,稀疏时频分析方法已经成为时频分析领域的研究热点,纵观上述文献,绝大部分稀疏时频分析方法是基于 L1 范数约束的,然而 L1 范数仅仅是 L0 范数的凸松弛,其诱导稀疏性的能力有限。

本章提出一种基于 Lp 伪范数约束的局部时间频谱反演数学模型,该模型借鉴了短时傅里叶变换的滑动窗函数截取数据的操作,从而大幅降低涉及运算的矩阵规模。在提出模型中,采用 Lp 范数作为约束,从而获得比 L1 约束更加灵活的时频分布。为了减少周边数据的虚假频率对处理数据的频率干扰,还将滑窗设计为高斯窗函数,从后续实验可以看到,这种处理方式将有效压制虚假频率成分。在前述稀疏时频分析方法中,多采用 L1 范数约束,事实上,L1 范数是 L0 范数的凸松弛,其稀疏程度远不如 L0 范数。Lp 收缩被证明是一种稀疏度好于软阈值收缩的方法,Zhang 等人将 Lp 收缩应用于层析图像重构,获得优于 L1 范数约束的效果[139]。为此,本章结合短时采样机制,提出一种基于 Lp 范数[140]的稀疏时频重建模型,并利用 ADMM[95]加以求解,获得了比上述基于 L1 约束的稀疏时频分析方法更加稀疏的时频谱。在后续实验中,会对比本章方法和基于 L1 约束的稀疏时频分析方法以及基于平滑 L0 方法[141]的稀疏局部时频反演方法。从实验中可以看到,由于使用 Lp 范数的约束,本章提出方法获得的时频谱更加稀疏。为客观反映提出算法的性能,采用多种时频分析领域通用的衡量指标[121-123]对算法性能加以描述,它们是:峰值信噪比、Renyi 熵、聚集度以及运算时间。本章将通过若干种信号模型和实际地震信号对提出算法和现有算法进行详细对比。本章的主要研究内容如下:

(1)本章以 Lp 范数约束代替稀疏重构算法中常用的 L1 约束,获得更加灵活的稀疏重构短时时频谱;

(2)本章基于 ADMM 框架和 Lp 收缩规则求解第 5 章提出的稀疏频谱反演模型,为降低算法复杂度,本章针对模型中扁矩阵特有的矩阵结构,提出一种优化算法,加速算法中的求逆运算;

(3)本章将稀疏时频分析方法应用于地震信号谱分解和储层油气勘探,获得传统方法难以达到的高分辨率时频分布,从而提高储层预测精度。

6.2 提出方法

6.2.1 于 Lp 伪范数约束的稀疏频谱重构模型

本章中，信号 $\boldsymbol{s}$、子信号 $\boldsymbol{s}_i$、加权子信号 $\boldsymbol{y}_i$、频谱稀疏重构所需要的字典矩阵 $\boldsymbol{\Theta} = \boldsymbol{S}\boldsymbol{F}^{-1}$ 与第 5 章完全一致，详见第 5 章，这里不再赘述。

Lp 伪范数相比于 L1 范数能够诱导出更加稀疏的解。为了反映 Lp 伪范数的优越性，在图 6-1 中展示不同 p 值对应的等高线。可以发现，当 p 值越小，Lp 伪范数的可行域就越稀疏。

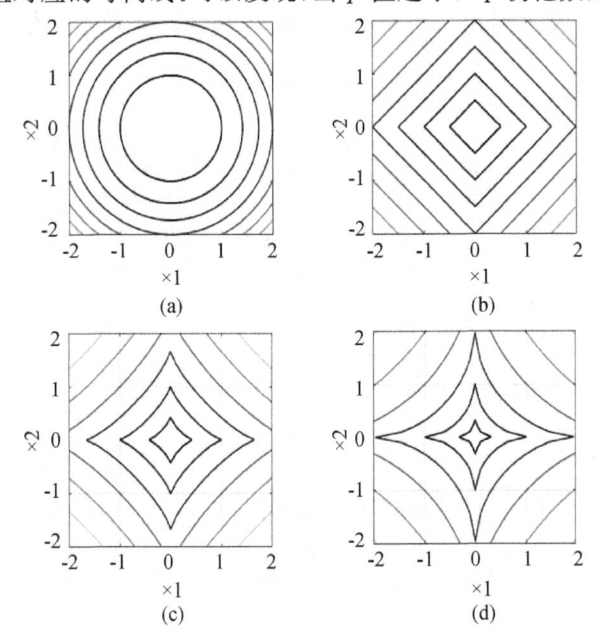

图 6-1　Lp 伪范数的等高线

(a) $p = 2$；(b) $p = 1$；(c) $p = 0.8$；(d) $p = 0.6$

图 6-2 中展示了 Lp 伪范数的鲁棒性。假设信号被标准差为 σ 的噪声污染，如图 6-2 所示。显然，图 6-2(c) 中的 Lp 伪范数等高线与保真项 $\left\| \boldsymbol{y}_i - \boldsymbol{\Theta}\boldsymbol{x}_i \right\|_2^2$ 的交点最接近坐标轴，且相对于噪声更加鲁棒。据此将稀疏重构模型建模为

$$P_p : \min \left\| \boldsymbol{x}_i \right\|_p^p, \ \text{s.t.}\ \boldsymbol{y}_i = \boldsymbol{\Theta}\boldsymbol{x}_i \Big|_{\Theta = SF^{-1}} \tag{6-1}$$

式中，Lp 范数定义为 $\| \boldsymbol{x} \|_p = \left(\sum_{i=1}^{N} | \boldsymbol{x}_i |^p \right)^{1/p}$，Lp 伪范数定义为 $\left\| \boldsymbol{x} \right\|_p^p = \sum_{i=1}^{N} | \boldsymbol{x}_i |^p$。

在提出模型中，局部区域的稀疏频谱是求解的目标。短时滑动窗确保不会引入任何窗函数区间以外的信号频率成分。

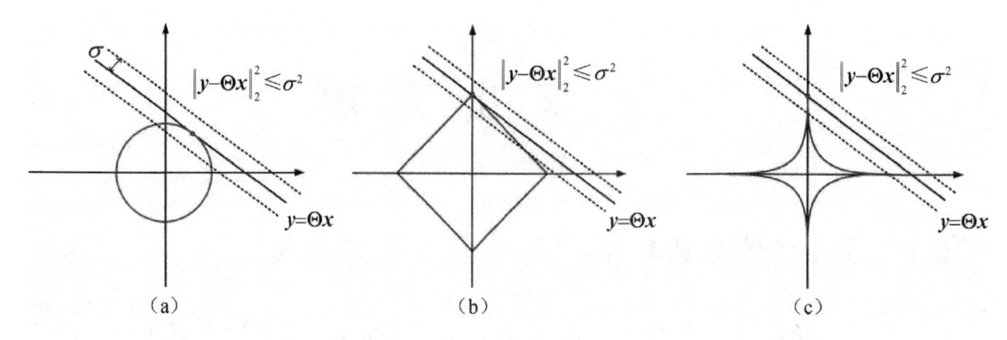

图 6-2 Lp 伪范数可行域

(a)$p=2$;(b)$p=1$;(c)$0<p<1$

6.2.2 基于 ADMM 和 Lp 收缩算子的求解方法

式(6-1) 是一个约束问题,可转化为

$$\min_{x_i}\left\{\mu\left\|\boldsymbol{x}_i\right\|_p^p+\frac{1}{2}\left\|\boldsymbol{y}_i-\boldsymbol{\Theta}\boldsymbol{x}_i\right\|_2^2\right\} \tag{6-2}$$

式中,μ 是保真项$\frac{1}{2}\left\|\boldsymbol{y}_i-\boldsymbol{\Theta}\boldsymbol{x}_i\right\|_2^2$ 和 Lp 伪范数稀疏正则项的平衡参数。

为了解决式(6-2),需要引入分裂变量 $\boldsymbol{z}=\boldsymbol{x}_i$ 和 Lagrange 系数 λ,目标函数的增广 Lagrangian 函数如下:

$$J=\max_{\lambda}\min_{x_i,z}\left\{\mu\left\|\boldsymbol{z}\right\|_p^p+\frac{1}{2}\left\|\boldsymbol{y}_i-\boldsymbol{\Theta}\boldsymbol{x}_i\right\|_2^2-\langle\boldsymbol{\lambda},\boldsymbol{z}-\boldsymbol{x}_i\rangle+\frac{\beta}{2}\left\|\boldsymbol{z}-\boldsymbol{x}_i\right\|_2^2\right\} \tag{6-3}$$

式中,$\beta>0$ 表示惩罚系数。

为了方便后续的计算,令 $\lambda=\beta\tilde{z}$,则有

$$J=\max_{\tilde{z}}\min_{x_i,z}\left\{\mu\left\|\boldsymbol{z}\right\|_p^p+\frac{1}{2}\left\|\boldsymbol{y}_i-\boldsymbol{\Theta}\boldsymbol{x}_i\right\|_2^2-\beta\langle\tilde{\boldsymbol{z}},\boldsymbol{z}-\boldsymbol{x}_i\rangle+\frac{\beta}{2}\left\|\boldsymbol{z}-\boldsymbol{x}_i\right\|_2^2\right\} \tag{6-4}$$

对于 $\boldsymbol{x}_i$ 子问题,其子目标函数为

$$J_{x_i}=\min_{x_i}\left\{\frac{1}{2}\left\|\boldsymbol{y}_i-\boldsymbol{\Theta}\boldsymbol{x}_i\right\|_2^2+\frac{\beta}{2}\left\|\boldsymbol{z}^{(k)}-\boldsymbol{x}_i-\tilde{\boldsymbol{z}}^{(k)}\right\|_2^2\right\} \tag{6-5}$$

对变量 $\boldsymbol{x}_i$ 求导,并令导数为零,即$\frac{\partial J_{x_i}}{\partial \boldsymbol{x}_i}=0$,则有

$$\boldsymbol{x}_i^{(k+1)}=(\boldsymbol{\Theta}^H\boldsymbol{\Theta}+\beta\boldsymbol{J})^{-1}[\boldsymbol{\Theta}^H\boldsymbol{y}_i+\beta(\boldsymbol{z}^{(k)}-\tilde{\boldsymbol{z}}^{(k)})] \tag{6-6}$$

式中,$\boldsymbol{J}\in\mathbb{R}^{N\times N}$,表示单位矩阵。

$\boldsymbol{\Theta}^H\boldsymbol{\Theta}+\beta\boldsymbol{J}\in\mathbb{C}^{N\times N}$ 是一个规模较大的矩阵,所以$(\boldsymbol{\Theta}^H\boldsymbol{\Theta}+\beta\boldsymbol{J})^{-1}$ 的计算复杂度是 $O(N^3)$。为降低$(\boldsymbol{\Theta}^H\boldsymbol{\Theta}+\beta\boldsymbol{J})^{-1}$ 的计算复杂度,需要通过定理 5.1 来进一步优化。

根据式(5-18),令式(5-18) 中,$\boldsymbol{A}=\beta\boldsymbol{J}$,$\boldsymbol{B}=\boldsymbol{\Theta}^H$,$\boldsymbol{C}=\boldsymbol{\Theta}$,则$(\boldsymbol{\Theta}^H\boldsymbol{\Theta}+\beta\boldsymbol{J})^{-1}$ 等价于式(6-7)。

$$(\boldsymbol{\Theta}^H\boldsymbol{\Theta}+\beta\boldsymbol{J})^{-1}=\beta^{-1}\boldsymbol{J}-\beta^{-2}\boldsymbol{\Theta}^H(\boldsymbol{I}+\boldsymbol{\Theta}\beta^{-1}\boldsymbol{\Theta}^H)^{-1}\boldsymbol{\Theta} \tag{6-7}$$

由于 $M\ll N$,因此$(\boldsymbol{I}+\beta^{-1}\boldsymbol{\Theta}\boldsymbol{\Theta}^H)^{-1}\in\mathbb{C}^{M\times M}$ 的乘法复杂度变为$O(M^3)$。通过这种方法,式(6-7) 的乘法复杂度下降为 $O(N^2M)$。

对于 $\boldsymbol{z}$ 子问题，固定 $\tilde{\boldsymbol{z}}$ 和 $\boldsymbol{x}_i$，则子问题目标函数为

$$J_z = \min_{z}\left\{\mu \left\|\boldsymbol{z}\right\|_p^p - \beta\langle\tilde{\boldsymbol{z}}^{(k)}, \boldsymbol{z}-\boldsymbol{x}_i^{(k+1)}\rangle + \frac{\beta}{2}\left\|\boldsymbol{z}-\boldsymbol{x}_i^{(k+1)}\right\|_2^2\right\} \tag{6-8}$$

对式(6-8)进行配方，得

$$\begin{aligned}\boldsymbol{z}^{(k+1)} = \arg\min_{z}&\left\{\mu \left\|\boldsymbol{z}\right\|_p^p - \beta\langle\tilde{\boldsymbol{z}}^{(k)}, \boldsymbol{z}-\boldsymbol{x}_i^{(k+1)}\rangle + \frac{\beta}{2}\left\|\boldsymbol{z}-\boldsymbol{x}_i^{(k+1)}\right\|_2^2\right\} = \\ \arg\min_{z}&\left\{\mu \left\|\boldsymbol{z}\right\|_p^p - \beta\langle\tilde{\boldsymbol{z}}^{(k)}, \boldsymbol{z}-\boldsymbol{x}_i^{(k+1)}\rangle + \frac{\beta}{2}\left\|\boldsymbol{z}-\boldsymbol{x}_i^{(k+1)}\right\|_2^2 + \beta\left\|\tilde{\boldsymbol{z}}^{(k)}\right\|_2^2 - \beta\left\|\tilde{\boldsymbol{z}}^{(k)}\right\|_2^2\right\} = \\ \arg\min_{z}&\left\{\mu \left\|\boldsymbol{z}\right\|_p^p + \frac{\beta}{2}\left\|\boldsymbol{z}-\boldsymbol{x}_i^{(k+1)}-\tilde{\boldsymbol{z}}^{(k)}\right\|_2^2 - \beta\left\|\tilde{\boldsymbol{z}}^{(k)}\right\|_2^2\right\} = \\ \arg\min_{z}&\left\{\mu \left\|\boldsymbol{z}\right\|_p^p + \frac{\beta}{2}\left\|\boldsymbol{z}-\boldsymbol{x}_i^{(k+1)}-\tilde{\boldsymbol{z}}^{(k)}\right\|_2^2\right\}\end{aligned} \tag{6-9}$$

式(6-9)的解为

$$\boldsymbol{z}^{(k+1)} = \mathrm{shrink}_p\left(\boldsymbol{x}_i^{(k+1)} + \tilde{\boldsymbol{z}}^{(k)}, \frac{\mu}{\beta}\right) \tag{6-10}$$

本章中讨论的时频反演问题涉及复数域的 Lp 收缩，故将 Lp 收缩规则变换如式(6-11)[139-140] 所示。

$$\mathrm{shrink}_p(\xi,\tau) = \max\{|\xi| - \tau^{2-p}|\xi|^{p-1}, 0\}\frac{\xi}{|\xi|} \tag{6-11}$$

式中，τ 表示阈值。当 $p=1$ 时，Lp 收缩将退化为软收缩。

考虑到本章涉及的数据是复数，将 Lp 收缩算子修改如式(6-12)所示。

$$\mathrm{shrink}_p(\xi,\tau) = \max\{|\xi| - \tau^{2-p}|\xi|^{p-1}, 0\}\mathrm{e}^{\mathrm{j}\varphi(\xi)} \tag{6-12}$$

式中，$\varphi(\xi)$ 表示变量 ξ 的相位。

对于 $\tilde{\boldsymbol{z}}$，其子函数为

$$J_{\tilde{z}} = \max_{\tilde{z}}\beta\langle\tilde{\boldsymbol{z}}, \boldsymbol{x}_i^{(k+1)} - \boldsymbol{z}^{(k+1)}\rangle \tag{6-13}$$

利用梯度上升法，可以得到 $\tilde{\boldsymbol{z}}$ 的更新公式，如式(6-14)所示。

$$\tilde{\boldsymbol{z}}^{(k+1)} = \tilde{\boldsymbol{z}}^{(k)} + \gamma\beta(\boldsymbol{x}_i^{(k+1)} - \boldsymbol{z}^{(k+1)}) \tag{6-14}$$

式中，$\gamma > 0$ 表示学习率。

考虑到傅里叶变换矩阵的定义，如式(5-8)所示，需要对反演的频谱进行中心化，如式(6-15)所示。

$$\boldsymbol{x}_i^{(k+1)} = \mathrm{fftshift}(\boldsymbol{x}_i^{(k+1)}),\ i = 1,2,\cdots,N \tag{6-15}$$

式中，fftshift 表示中心化算子，它将 $\boldsymbol{x}_i^{(k+1)}$ 的前半部分与后半部分互换。

本章算法总结如算法 6-1 所示。

算法 6-1　基于 Lp 收缩算子的稀疏时频分析

输入：$\boldsymbol{s}, p, \boldsymbol{\Theta}$.

输出：$\boldsymbol{x}_i(i=1,2,\cdots,N)$.

初始化：$\boldsymbol{x}_i^{(1)} = \boldsymbol{0}, \boldsymbol{z}^{(1)} = \boldsymbol{0}, \tilde{\boldsymbol{z}}^{(1)} = \boldsymbol{0}, \beta, \mu, M, N, \gamma, \mathrm{Max}$.

1：从处理信号中截断得到子信号 $\boldsymbol{s}_i(i=1,2,\cdots,N)$；

2:Repeat

3:For $k = 1$:Max do

4:$\boldsymbol{x}_i^{(k+1)} = (\boldsymbol{\Theta}^H\boldsymbol{\Theta} + \beta J)^{-1}(\boldsymbol{\Theta}^H y_i + \beta(z^{(k)} - \tilde{z}^{(k)}))$;

5:$\boldsymbol{z}^{(k+1)} = \mathrm{shrink}_p(\boldsymbol{x}_i^{(k+1)} + \tilde{z}^{(k)}, \mu/\beta)$;

6:$\tilde{\boldsymbol{z}}^{(k+1)} = \tilde{\boldsymbol{z}}^{(k)} + \gamma\beta(\boldsymbol{x}_i^{(k+1)} - \boldsymbol{z}^{(k+1)})$;

7:End for

8:$i = i + 1$;

9:Until 所有 $\boldsymbol{y}_i$ 处理结束;

10:$\boldsymbol{x}_i^{(k+1)} = \mathrm{fftshift}\,(\boldsymbol{x}_i^{(k+1)})(i = 1,2,\cdots,N)$;

11:Return $\boldsymbol{x}_i^{(k+1)}$ $(i = 1,2,\cdots,N)$ *as* x_i $(i = 1,2,\cdots,N)$.

其中,符号 Max 表示迭代的最大次数。在本章实验中,若无特别说明,参数设置为 $p = 0.1$,$\beta = 1, \mu = 0.5, \gamma = 1, M = 11, \mathrm{Max} = 25$。

6.3 数值实验

6.3.1 评价指标

本章采用的算法评价指标有聚集度、Renyi 熵、峰值性噪比,定义与第 5 章 5.4.1 节完全一致,这里不再赘述。本书使用的三种理论信号模型的理想时频分布都是确知的,因此,可以将理想时频分布视为标准图像,将所有对比的时频图归一化到[0,1],用 PSNR 来评估各种时频分析方法得到的结果与标准图像的相似性。

6.3.2 模型一:单成分信号

线性调频信号模型是衡量时频分析结果的主流模型之一,假设 LFM 信号如下:

$$s(t) = \mathrm{e}^{\mathrm{j}\pi t^2} \tag{6-16}$$

其中时间范围是[−8,8],采样频率是 16 Hz。

信号的瞬时相位 $\varphi(t) = \pi t^2$,则瞬时频率为

$$f(t) = \frac{1}{2\pi}\frac{\mathrm{d}\varphi(t)}{\mathrm{d}t} = t \tag{6-17}$$

因此,LFM 的理想 TFD 应该是一条直线。表 6-1 给出不同算法得到时频图的评价指标。对比的算法有 STFT,SSWT,HHT,稀疏时频分布(Sparse Time Frequency Distribution, STFD)[142],SCD[73],基于 SL0 算法的短时稀疏表示方法(Short Time Sparse Representation based on Smooth L0,STSR-SL0)[72],以及本章方法。这里称本章提出的方法为基于 Lp 收缩算子的稀疏时频分析方法(Sparse Time Frequency Analysis based on Lp Shrinkage,STFA-

LpS)。表6-1中最优记录用黑体字体标出。显然,本章提出方法获得的时频图具有最佳的PSNR、Renyi熵以及聚集度。

表6-1　各种方法的评价指标

方法	线性调频信号的时频图评价指标			
	PSNR/dB	Renyi 熵	CM	时间/s
STFT	8.76	14.05	8.0E−5	**0.04**
SSWT	23.04	9.28	4.0E−3	0.17
HHT	22.90	9.13	3.3E−3	0.72
STFD	23.65	10.10	1.0E−3	8.73
SCD	22.12	9.94	1.2E−3	2.67
STSR-SL0	20.55	11.09	9.0E−4	3.36
STFA-LpS	**38.49**	**7.96**	**4.1E−3**	1.39

注:加粗表示指标最优。

图6-3展示了不同方法得到的时频图。从图中可以看到,STFA-LpS方法获得最接近于理想时频分布的时频图。如图6-3(c)所示,STFT不能获得令人满意的时频分辨率。如图6-3(d)所示,SSWT无法表示负频率,另外,SSWT无法很好地反映出低频区域的频谱信息。图6-3(e)展示了HHT得到的时频分布,从图中可以看到,HHT只能显示正半轴的频谱信息,而负频率信息则完全丢失。为了反映Lp收缩算子的效果,图6-4提供了不同p值下的PSNR曲线。可以看到,随着p值变小,PSNR也相应变大。

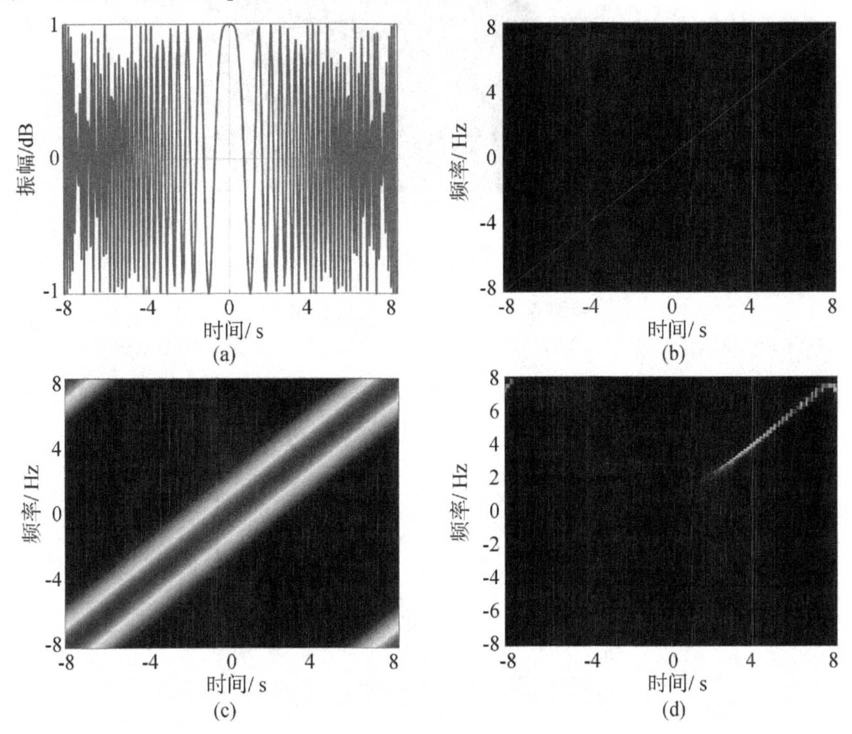

图6-3　信号1及其时频分布

(a)处理信号的实部;(b)理想时频分布;(c)STFT的结果;(d)SSWT的结果

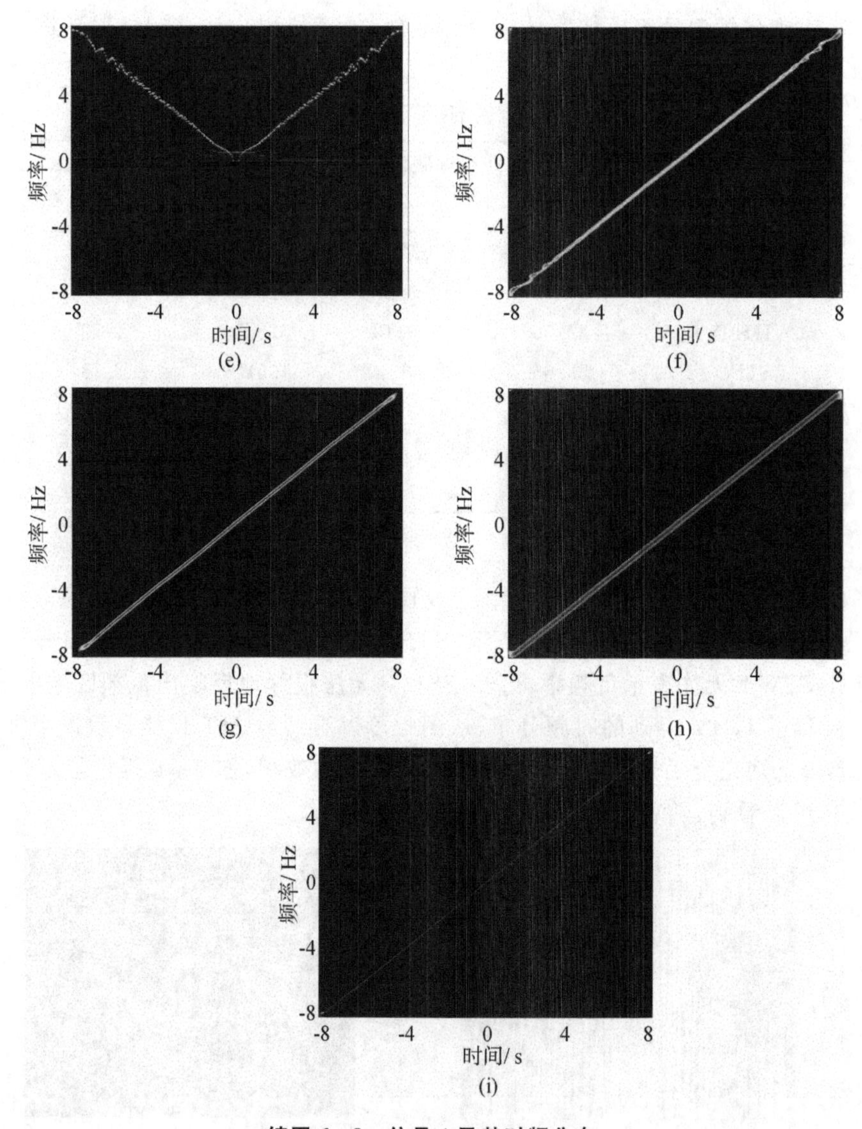

续图 6-3 信号 1 及其时频分布

(e)HHT 的结果;(f)STFD 的结果;(g)SCD 的结果;(h)STSR-SL0 的结果;(i)本章提出方法的结果

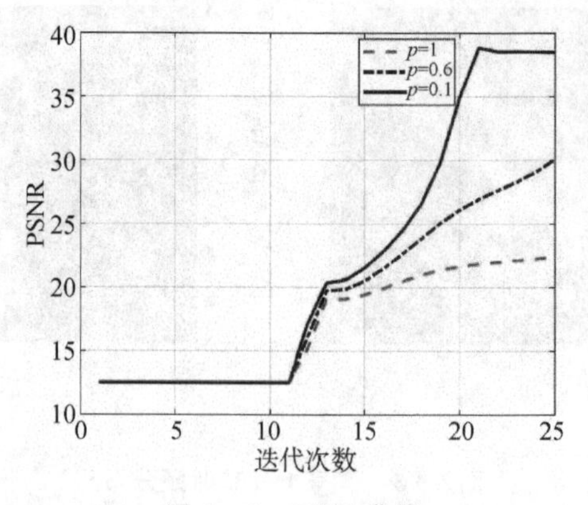

图 6-4 PSNR 曲线

为了反映算法对参数 μ 的敏感程度，进行了 10 次噪声环境下的局部时频反演实验（噪声是方差为 0.2 的高斯白噪声），并将实验的平均指标记录，见表 6-2。图 6-5 展示了其中一次实验将不同 μ 值的反演结果。

表 6-2　10 次噪声环境中不同 μ 值下，提出算法获得的平均指标

参数	线性调频信号的时频图评价指标			
	PSNR/dB	Renyi 熵	CM	时间/s
μ=0.3	24.72	8.64	3.3E−3	**1.53**
μ=0.4	24.55	8.37	4.6E−3	1.59
μ=0.5	**24.61**	7.76	8.2E−3	1.55
μ=0.6	24.42	**7.12**	**1.6E−2**	1.56

注：加粗表示指标最优。

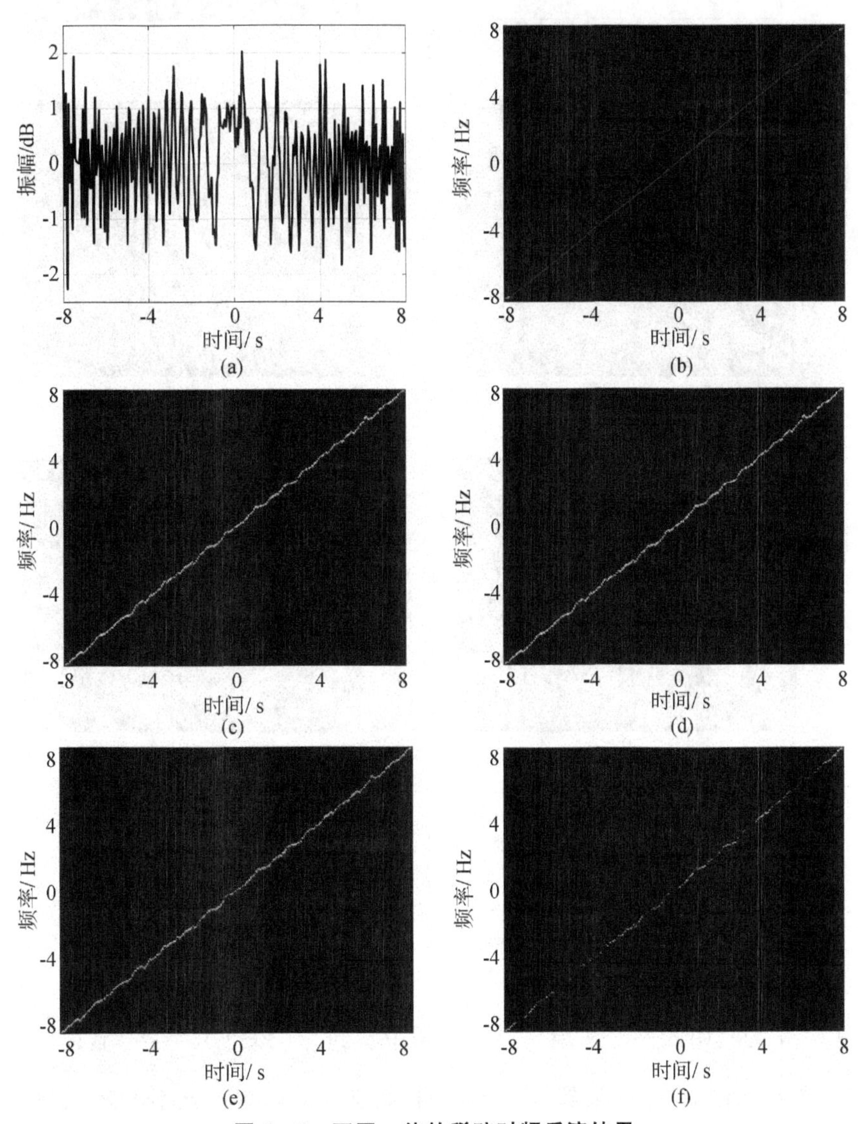

图 6-5　不同 μ 值的稀疏时频反演结果

(a)处理信号的实部；(b)理想时频分布；(c)STFA-LpS(μ=0.3)；(d)STFA-LpS(μ=0.4)；(e)STFA-LpS (μ=0.5)；(f)STFA-LpS(μ=0.6)

为了明确反映算法对参数 β 的敏感程度，本节在噪声环境下进行了 10 次局部时频谱反演，同时将其他参数设置如下：$p=0.1$，$\mu=0.5$，$\gamma=1$。在图 6-6 中展示了其中 1 次噪声实验的结果。可以发现，当参数 β 变大，反演的局部时间谱变得更加稀疏并且对噪声更加鲁棒。10 次实验的平均指标被记录在表 6-3 中。

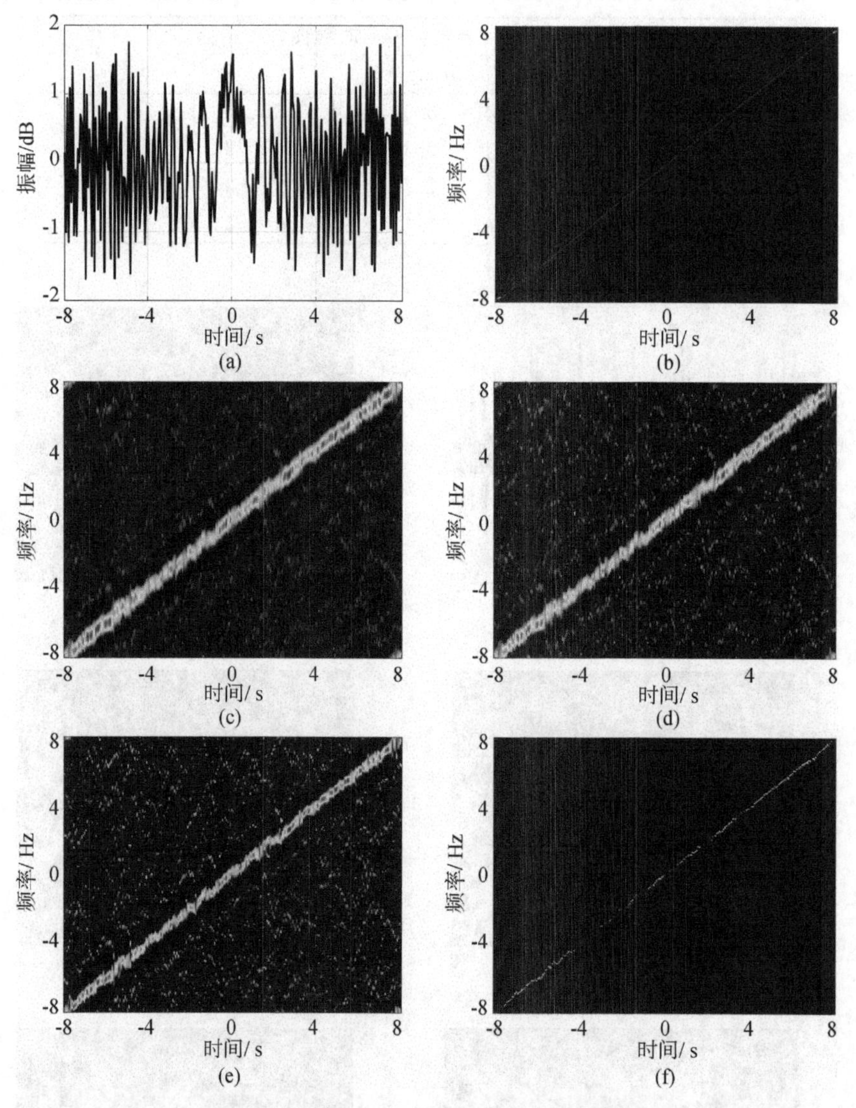

图 6-6 不同 β 值的稀疏时频反演结果

(a)处理信号的实部；(b)理想时频分布；(c)STFA-LpS($\beta=0.7$)；(d)STFA-LpS($\beta=0.8$)；(e)STFA-LpS ($\beta=0.9$)；(f)STFA-LpS($\beta=1$)

为了评估提出算法对参数 γ 的影响，本节进行 10 次噪声实验，并将实验平均指标记录在表 6-4。图 6-7 为其中的一次实验。可以从图中看到，当 $\gamma\in\left[0,\frac{1+\sqrt{5}}{2}\right]$，提出算法可以有效收敛到相对精确的解，但是如果超过这个范围，则反演的时频谱就不准确了，如图 6-7(f) 所示。

表 6-3　十次噪声环境下不同 β 值下，提出算法获得的平均指标

参数	线性调频信号的时频图评价指标			
	PSNR/dB	Renyi 熵	CM	时间/s
β=0.7	16.99	12.83	2.68E−4	**1.55**
β=0.8	17.97	12.68	2.89E−4	1.56
β=0.9	18.70	12.25	3.60E−4	1.60
β=1	**24.98**	**7.65**	**8.5E−3**	1.57

注：加粗表示指标最优。

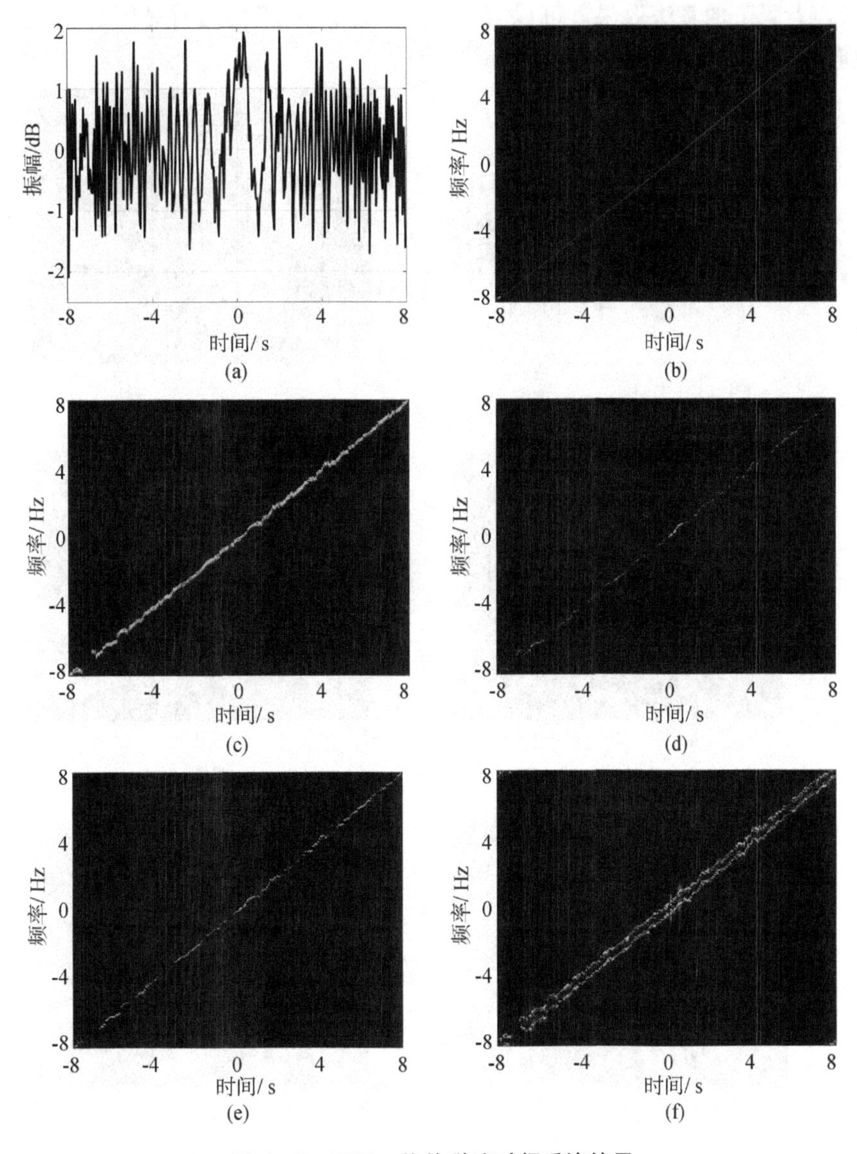

图 6-7　不同 γ 值的稀疏时频反演结果

(a)处理信号的实部；(b)理想时频分布；(c)STFA-LpS(γ=0.6)；
(d)STFA-LpS(γ=0.8)；(e)STFA-LpS(γ=1)；(f)STFA-LpS(γ=2)

表 6-4　十次噪声环境下不同 γ 值下，提出算法获得的平均指标

参数	线性调频信号的时频图评价指标			
	PSNR/dB	Renyi 熵	CM	时间/s
γ=0.6	23.78	9.69	1.7E−3	1.65
γ=0.8	24.42	7.79	**1.8E−2**	**1.55**
γ=1	**24.44**	**7.64**	9.1E−3	1.50
γ=2	22.52	10.55	1.9E−3	1.57

注：加粗表示指标最优。

为了反映算法对噪声的鲁棒性，本节对 LFM 信号增加方差为 0.2 的高斯白噪声，图 6-8 展示高斯噪声背景下的算法效果。可以看到，当 p 值变小，得到的时频图受到噪声的影响更小，与理想时频分布更接近，对噪声更为鲁棒。

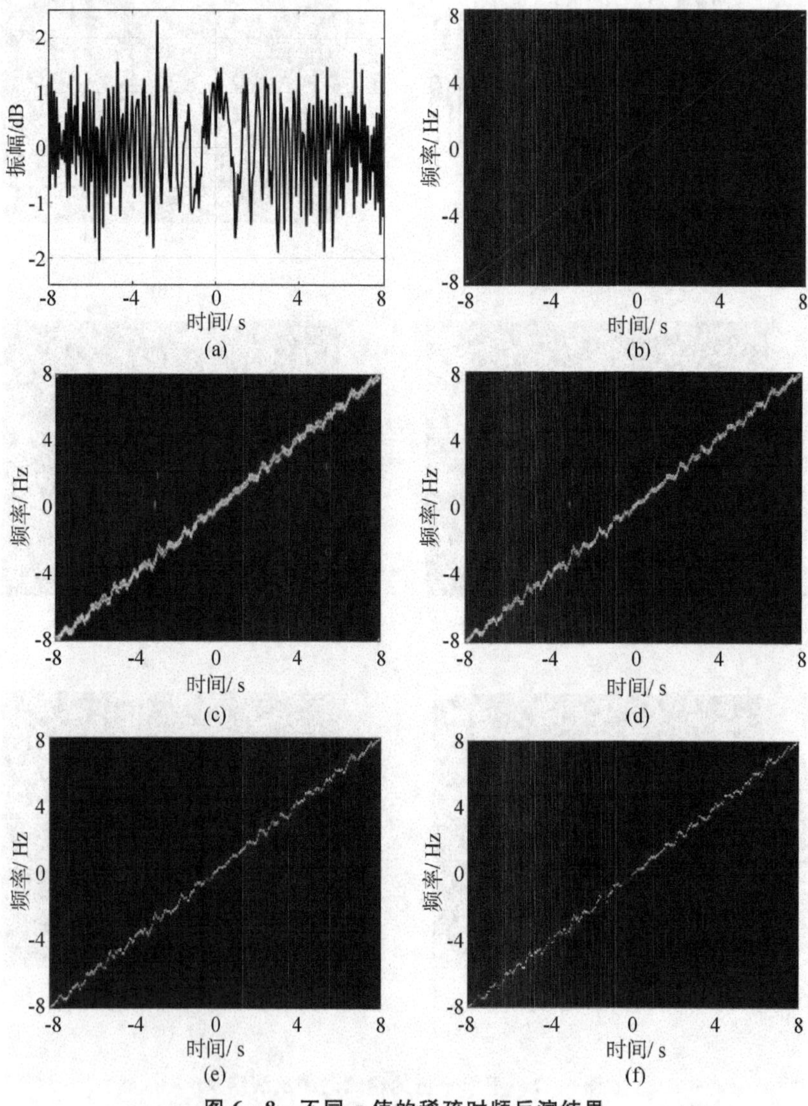

图 6-8　不同 p 值的稀疏时频反演结果

(a)处理信号的实部；(b)理想时频分布；(c)STFA-LpS(p=1)；(d)STFA-LpS(p=0.7)；(e)STFA-LpS(p=0.4)；(f)STFA-LpS(p=0.1)

表 6-5 记录了不同 p 值下(这里在噪声环境下进行 10 次随机试验)，提出方法时频分布的平均 PSNR 值、Renyi 熵、CM 值以及计算时间。可以看到，随着 p 值变小，PSNR 和 CM 有增大的趋势，而 Renyi 熵有下降的趋势。因此，p 值越小，则时频分布越接近理想时频分布，且对噪声更为鲁棒。

表 6-5　图 6-8 中时频分布的指标

参数	线性调频信号的时频图评价指标			
	PSNR/dB	Renyi 熵	CM	时间/s
$p=1$	20.18	11.99	6.3E−4	1.57
$p=0.7$	21.34	11.32	1.0E−3	1.54
$p=0.4$	22.51	10.54	2.0E−3	**1.52**
$p=0.1$	**23.55**	**10.03**	**3.2E−3**	1.53

注:加粗表示指标最优。

6.3.3　模型二：抛物线频率调制信号

不失一般性地，本节给出基于抛物线调频信号的算法对比。本节中抛物线调频信号的表达式见式(6-18)。

$$s(t) = e^{j\frac{\pi t^3}{12}} \tag{6-18}$$

本节实验中，时间范围为 $t \in [-8\ \mathrm{s}, 8\ \mathrm{s}]$，采样频率 16 Hz。

显然，该信号的瞬时相位为 $\varphi(t)=\frac{\pi t^3}{12}$，则瞬时频率为

$$f(t) = \frac{1}{2\pi}\frac{\mathrm{d}\varphi(t)}{\mathrm{d}t} = \frac{t^2}{8} \tag{6-19}$$

因此，该信号理想时频分布是一条抛物线。因此频率随时间呈现二次方变化，这就导致在很短的时间范围内包含了大量频率成分，换句话说，截断信号的频谱并不特别稀疏。然而，根据式(6-19)，该信号的理想的时频分布又是稀疏的。为了解决频率成分随时间变化过快导致局部时间频谱不够稀疏的情况，利用窗函数对信号进行重加权，从而减少周围信号对当前信号的影响，使反演的频谱变得稀疏，与理想时频分布更接近。

从图 6-9 可以看到，本章提出方法对非线性调频信号依然能获得非常理想的时频分布，既避免了短时傅里叶变换的低分辨率问题，又不存在 Cohen 类的交叉项干扰。在稀疏时频分析方法中，本章方法获得的时频图依然有最好的表现。

对于模型信号 2，本节给出下列方法加以对比，它们是 STFT，SSWT，HHT，STFD，SCD，STSR-SL0 以及本章提出方法。时频图详见图 6-9，评价指标详见表 6-6。可以看到，本章提出方法得到的 PSNR 和 CM 获得最高值，而 Renyi 熵则达到最小，可见本章提出方法得到的时频图最聚集。在图 6-9 中可以观察到，本章提出方法最接近于理想时频分布，一方面，利用加权高斯窗函数的方式，使得局部反演的时频谱非常稀疏，避免中心点以外的周围数据对中心点频率干扰。另一方面，提出方法不会出现图 6-9(g)Cohen 类分布的交叉项干扰，也无图 6-9(e)中 HHT 的虚假频率干扰，并且不会出现 SSWT 丢失了部分低频信息的情况[见图 6-9(d)]。

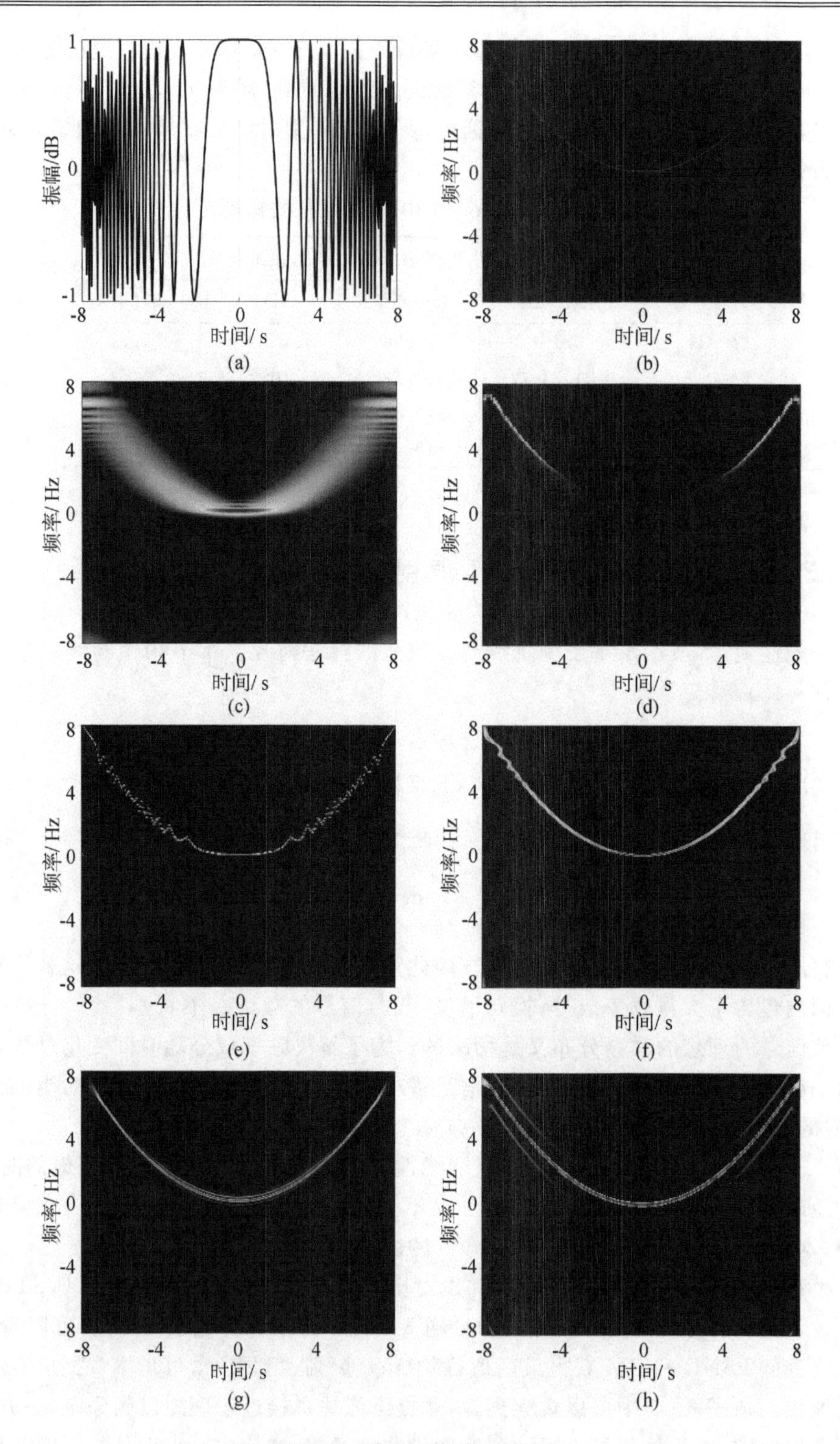

图 6-9　信号 2 及其时频分布

(a)处理信号的实部；(b)理想时频分布；(c)STFT 的结果；(d)SSWT 的结果；
(e)HHT 的结果；(f)STFD 的结果；(g)SCD 的结果；(h)STSR-SL0 的结果

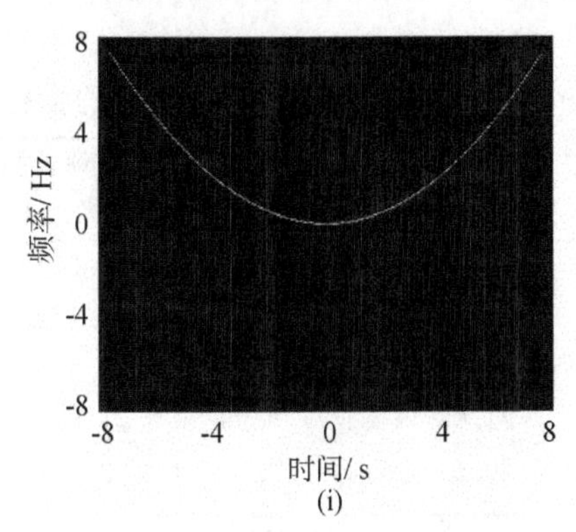

续图 6-9　信号 2 及其时频分布

(i)本章提出方法的结果

表 6-6　图 6-9 中时频分布的指标

方法	抛物线调频信号的时频图评价指标			
	PSNR/dB	Renyi 熵	CM	时间/s
STFT	16.95	13.75	1.5E−4	**0.03**
SSWT	23.71	9.92	3.0E−3	0.30
HHT	20.45	10.35	1.8E−3	0.67
STFD	22.27	10.01	1.2E−3	8.72
SCD	19.05	10.02	1.8E−3	2.58
STSR-SL0	20.83	9.86	9.3E−4	3.22
STFA-LpS	**23.92**	**7.79**	**1.0E−2**	1.29

注:加粗表示指标最优。

6.3.4　模型三:多成分信号

上述信号都是单成分信号,而实际信号经常是多成分的。不失一般性,本节使用一个多成分信号对几种算法加以对比。该信号如式(6-20)所示。

$$s(t)=\mathrm{e}^{\mathrm{j}\frac{\pi t^3}{12}}+\mathrm{e}^{-\mathrm{j}\frac{\pi t^3}{12}}+\mathrm{e}^{-\mathrm{j}8\pi t}+\mathrm{e}^{-\mathrm{j}\pi(14t+\cos(2t))} \tag{6-20}$$

式中,$t\in[-8\ \mathrm{s},\ 8\ \mathrm{s}]$,采样率是 16 Hz。

从信号表达式可以看到,第三个模型信号中包含了平稳成分、快速变化的非平稳成分 $\mathrm{e}^{-\mathrm{j}\pi[14t+\cos(2t)]}$,以及慢速变化的非平稳成分 $\mathrm{e}^{\mathrm{j}\frac{\pi t^3}{12}}$ 和 $\mathrm{e}^{-\mathrm{j}\frac{\pi t^3}{12}}$。对于模型信号 3,本节给出下列方法加以对比,它们是 STFT,SSWT,HHT,STFD,SCD,STSR-SL0 以及本章提出方法。图 6-10 展示了这些方法。表 6-7 记录了这些方法的评价指标。从评价指标可以看到,本章提出方法获得最佳的 PSNR、CM 以及 Renyi 熵。

如图 6-10(a)所示,STFT 方法得到的时频图分辨率较低。而图 6-10(d)与图 6-10(e)展示的 SSWT 和 HHT 不能反映信号的负频率成分。图 6-10(f)展示的 STFD 不能有效反映快速时变的频率成分。图 6-10(g)展示的 SCD 被交叉项严重干扰。图 6-10(h)展示的 STSR-SL0 方法由于使用了矩形窗函数作为滑动窗,导致周围信号的频谱成分被引入中心点的频谱切片上。图 6-10(i)展示了本章提出方法的效果,可以看到,本章提出方法得到的时频图最接近理想时频分布。

表 6-7　图 6-10 中时频分布的指标

方法	多成分信号的时频图评价指标			
	PSNR/dB	Renyi 熵	CM	时间/s
STFT	8.45	15.31	3.67E−5	**0.05**
SSWT	20.53	11.48	8.17E−4	0.17
HHT	20.45	10.35	1.80E−3	0.67
STFD	21.03	9.99	1.09E−3	10.61
SCD	20.54	11.43	8.60E−4	4.42
STSR-SL0	19.96	12.30	3.7E−4	2.75
STFA-LpS	**21.15**	**9.41**	**2.5E−3**	2.17

注：加粗表示指标最优。

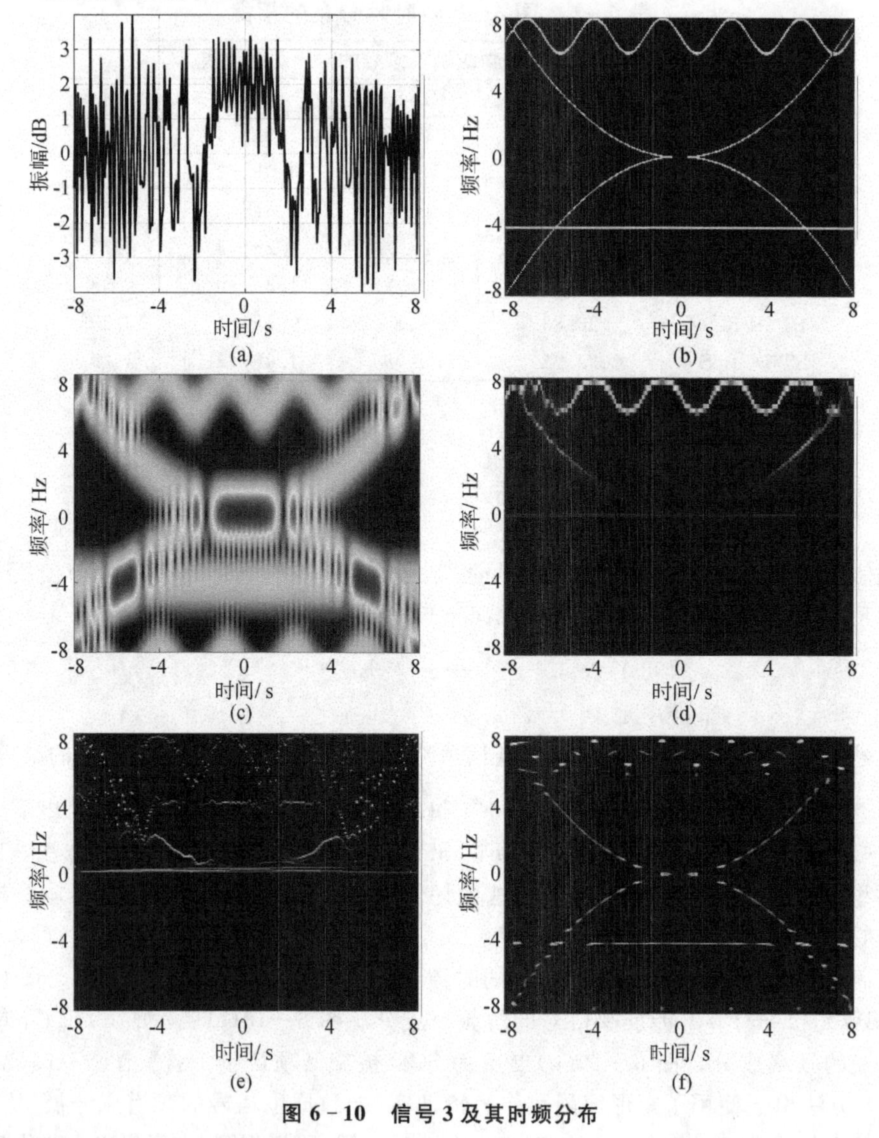

图 6-10　信号 3 及其时频分布

(a)处理信号的实部；(b)理想时频分布；(c)STFT 的结果；(d)SSWT 的结果；(e)HHT 的结果；(f)STFD 的结果

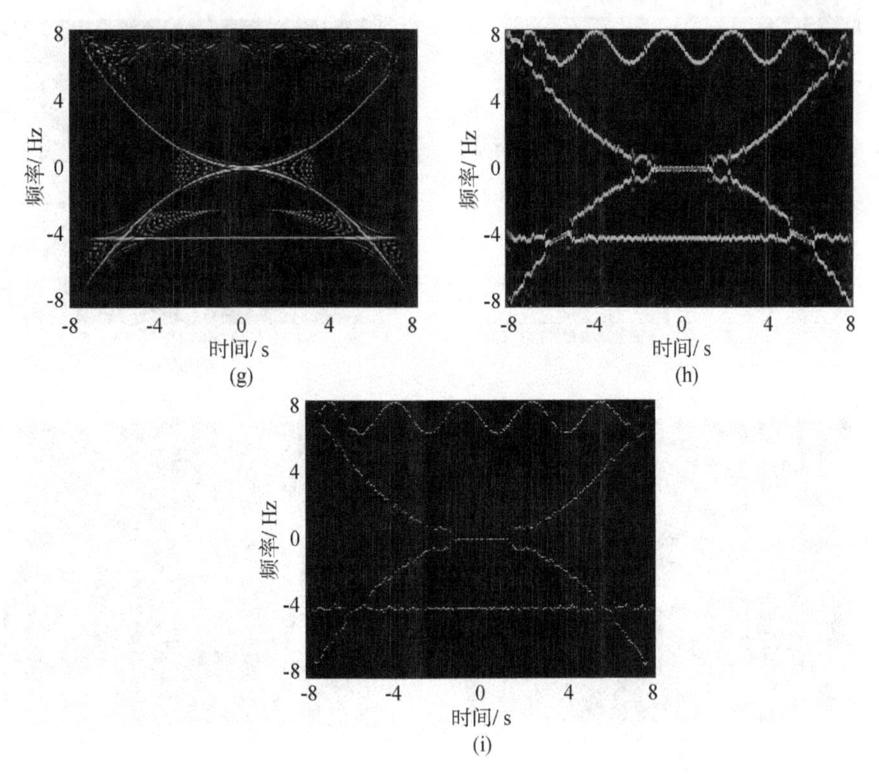

续图 6 - 10　信号 3 及其时频分布

(g)SCD 的结果；(h)STSR-SL0 的结果；(i)本章提出方法的结果

6.4　地震信号谱分解中的应用

6.4.1　单道地震信号测试

本节针对单道地震信号进行实验，数据来自四川盆地某油田，如图 6 - 11(a)所示。本节中，对比的方法有 STFT，SSWT，SCD，STFD 以及本章提出方法。考虑到地震信号没有可以对比的理想时频分布，本节中仅仅使用 Renyi 熵、CM 以及运行时间来评价各种时频分布。图 6 - 11(a)中的信号是一个频率特征快速变化的信号。观察图 6 - 11(a)，信号在 1 850～1 950 ms区间中，频率一开始缓慢下降，在 1 910 ms 处下降到最低频率，然后 1 910～1 950 ms 区间，信号频率缓慢变高，因此，1 850～1 950 ms 区间内，理想的时频分布曲线应该先下降后上升。图 6 - 11(b)一定程度反映了这个过程，但是时频分辨率不高。观察图 6 - 11(c)，可以发现 SSWT 不能有效反映区间 1 850～1 950 ms 的频率变化趋势。观察图 6 - 11(d)～(f)可以发现，基于稀疏表示方法的稀疏时频分析手段能够较好地刻画信号的频谱变化趋势，其中图 6 - 11(d)存在一定的交叉项干扰。评价指标详见表 6 - 8，可以看到，本章提出方法获得最佳的 CM 以及 Renyi 熵，这表明本章提出方法获得时频聚集性最高的时频图。

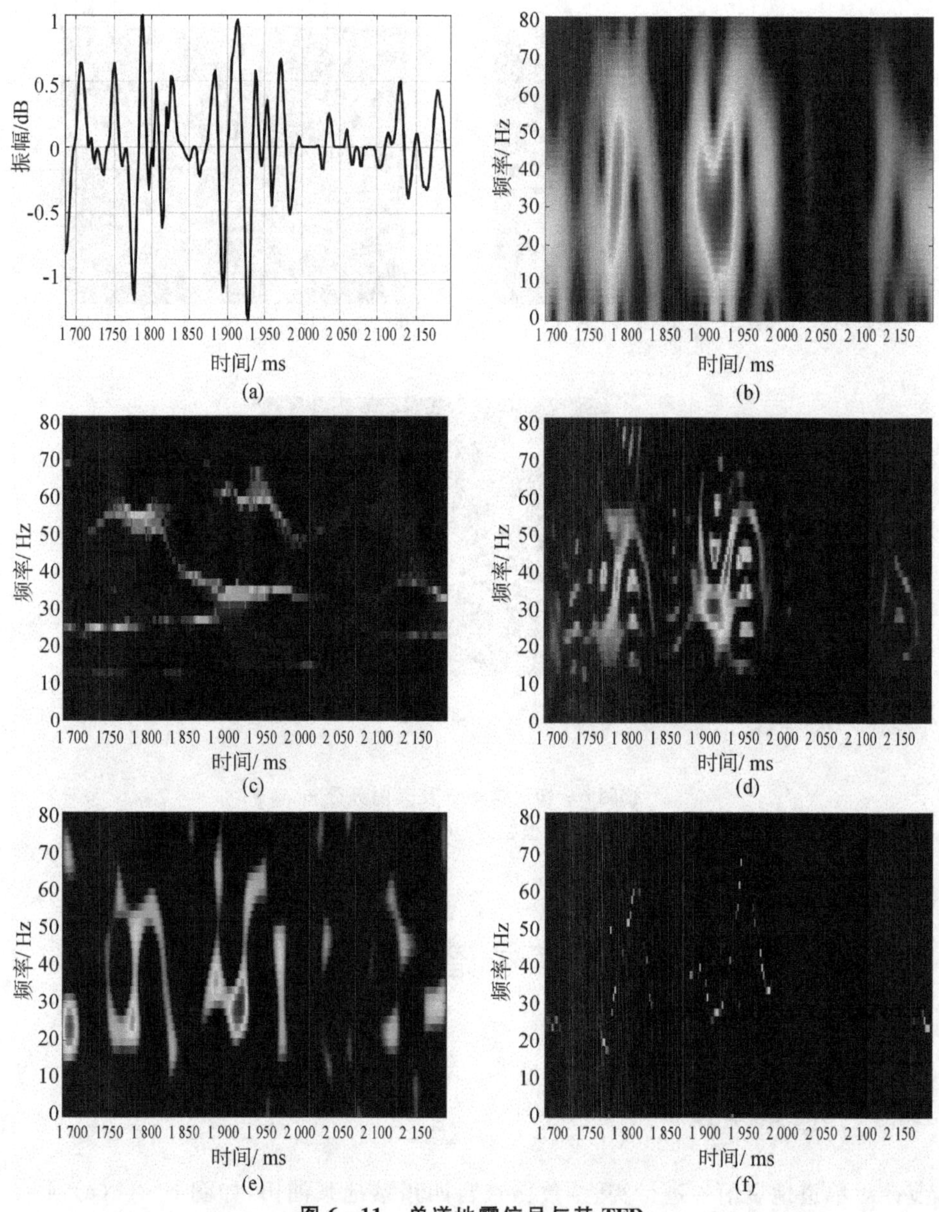

图 6-11 单道地震信号与其 TFD

(a)地震信号;(b)STFT 结果;(c)SSWT 结果;(d)SCD 结果;(e)STFD 结果;(f)本章提出方法结果

表 6-8 图 6-11 中时频分布的指标

方法	单道地震信号的时频图评价指标		
	Renyi 熵	CM	时间/s
STFT	13.73	1.8E−4	**0.03**
SSWT	11.95	1.0E−3	0.58
SCD	9.97	2.2E−3	2.50
STFD	10.50	1.0E−3	3.83
STFA-LpS	**6.17**	**3.7E−2**	1.66

注:加粗表示指标最优。

6.4.2　地震信号谱分解

本节将 STFA-LpS 应用于 2D 地震信号谱分解中。二维地震数据使用本书第 4 章图 4-16所示的数据。图 6-12 展示了利用 STSR-SL0 抽取的各个频率切片。每个切片耗时约 70 s。图 6-13 展示了利用本章方法抽取的各个频率切片。每个切片耗时约 30 s。显然，在图 6-13(b)中，30 Hz 切片准确反映了气层所在位置。值得注意的是，在 15 Hz 切片[见图 6-13(a)]中，出现了明显的低频伴影现象，即储层下方[如图 6-13(a)中白色虚线标出区域所示]出现了强相应，且该相应比储层区域的相应还强。如图 6-13(b)所示，在主频的切片，含气的区域比不含气的区域有更强的相应。观察图 6-13(c)和图 6-13(d)可以发现，含气区域在高频切片上出现了明显的能量衰减，与油气的高频衰减特性完全一致。对比图 6-12 和图 6-13 可以看到，本章提出方法得到的切片分辨率要高于 STSR-SL0 方法得到的频率切片。综上所述，由本章获得的谱分解频率切片具有较高的分辨率，可以用于储层预测。

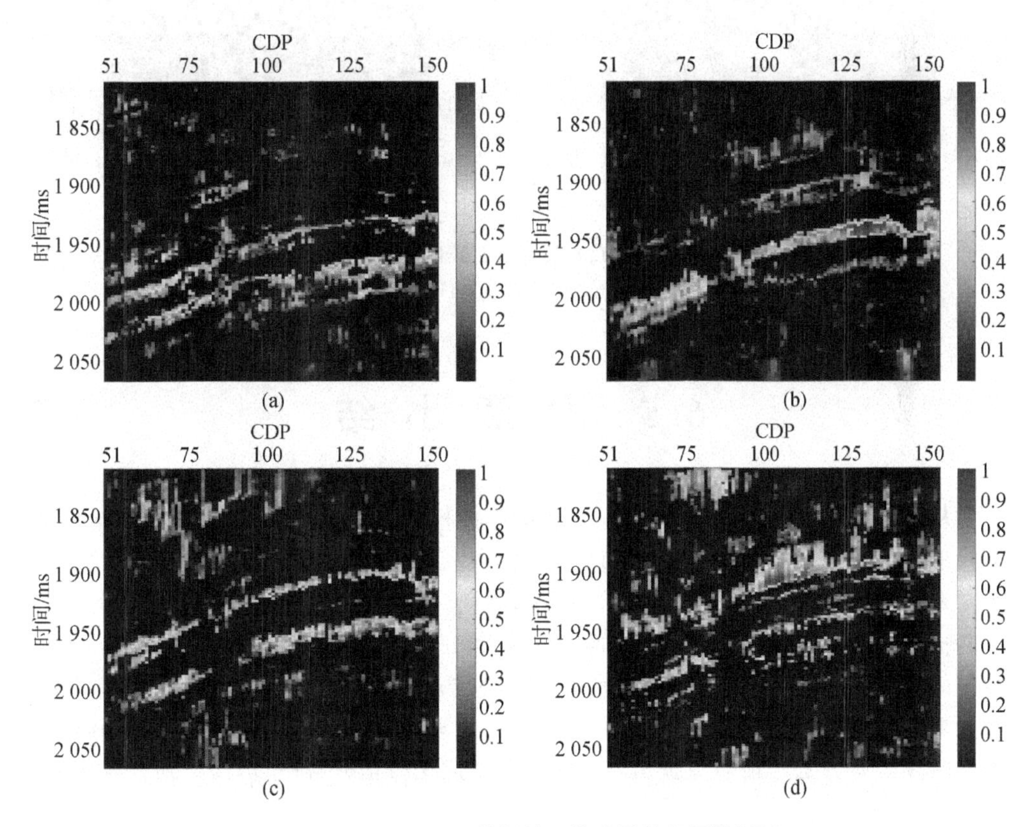

图 6-12　STSR-SL0 获得的二维地震单频属性剖面

(a)15 Hz 单频属性；(b)30 Hz 单频属性；(c)45 Hz 单频属性；(d)55 Hz 单频属性

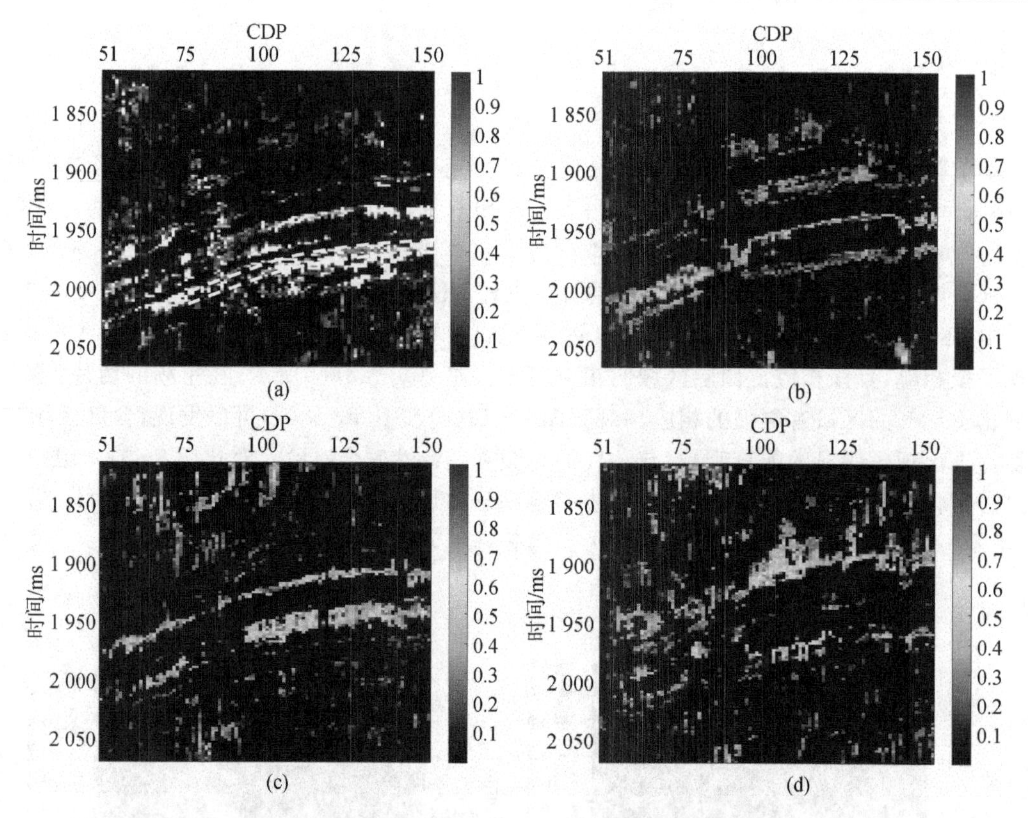

图 6-13　STFA-LpS 获得的二维地震单频属性剖面

(a)15 Hz 单频属性;(b)30 Hz 单频属性;(c)45 Hz 单频属性;(d)55 Hz 单频属性

6.5　本 章 小 结

本章从稀疏频谱反演模型出发,引入 Lp 伪范数稀疏约束正则项,提出一种全新的稀疏时频分析模型。为求解该模型,采用 ADMM 框架和 Lp 收缩算子获得模型的最优解。为反映算法参数对重构局部时频谱的影响,本章绘制了不同 p 值下的 PSNR 收敛曲线,从实验中可以看到,随着 p 值变小,获得的时频谱更加稀疏。通过三种时频模型和实际地震信号,将提出算法与传统时频分析方法、现有的稀疏时频分析方法进行对比,并从 PSNR、Renyi 熵、时频聚集度以及运算时间等指标进行全面定量测试,实验结果表明,本章提出的方法是一种具有高时频分辨率的时频分析方法。最后将提出方法应用于地震信号谱分解中,可以得到分辨率高、无交叉项干扰的频谱切片。

值得注意的是,本章提出算法存在求逆操作,尽管提出方法已经对该操作进行了优化,提出方法的效率也是现有稀疏时频分析方法最高的,但是该算法的运算效率仍然远远低于传统时频分析算法,在未来的研究中,应考虑如何提高算法效率。

第7章 基于匹配追踪的地震信号稀疏时频分析

本章基于匹配追踪算法[41-42, 132-134]提出一种新的时频分析方法，将短时加窗的信号视为稀疏表示中的观测信号，并将稀疏频谱视作重构对象。本章中，评价时频分析结果的指标主要有聚集度、Renyi 熵。从实验可以看到，本章提出方法能获得更精准的时频谱。最后将提出方法应用于地震信号谱分解分析中，实验结果表明，该方法得到的频率切片具有较高分辨率。

7.1 提出方法

本节中涉及的稀疏时频模型与第 5 章、第 6 章一致，可将稀疏时频表示模型转为

$$\min \left\| \boldsymbol{x}_i \right\|_0, \text{ s.t. } \left\| \boldsymbol{y}_i - \boldsymbol{\Theta}\boldsymbol{x}_i \right\|_2 \leqslant \xi \tag{7-1}$$

式中，ξ 表示保真项 $\left\| \boldsymbol{y}_i - \boldsymbol{\Theta}\boldsymbol{x}_i \right\|_2$ 容许的最大误差。

可采用匹配追踪算法对式(7-1)加以求解。假定 $\boldsymbol{\theta} \in \mathbb{C}^{M\times 1}$ 表示字典矩阵 $\boldsymbol{\Theta}$ 的一列(也称为原子)。式(7-1)可以转化为下列迭代：

$$\boldsymbol{y}_i = \sum_{k=1}^{n} \langle \boldsymbol{r}_i^{(k-1)}, \boldsymbol{\theta}^{(k)} \rangle \boldsymbol{\theta}^{(k)} + \boldsymbol{r}_i^{(n+1)} \tag{7-2}$$

式中，$\boldsymbol{r}_i^{(k)}$ 表示第 k 次迭代后的残差，并且定义 $\boldsymbol{r}_i^{(0)} = \boldsymbol{y}_i$。$\boldsymbol{\theta}^{(k)}$ 表示第 k 次迭代中选取的原子。

残差的迭代规则：首先找到索引 $\lambda^{(k)} = \arg \max\limits_{i=1,2,\cdots,N} \left| \langle \boldsymbol{r}_i^{(k-1)}, \boldsymbol{\theta}_i \rangle \right|$，令 $\boldsymbol{\theta}^{(k)}$ 等于 $\boldsymbol{\theta}_{\lambda^{(k)}}$，则

$$\boldsymbol{r}_i^{(k)} = \boldsymbol{r}_i^{(k-1)} - \langle \boldsymbol{r}_i^{(k-1)}, \boldsymbol{\theta}_{\lambda^{(k)}} \rangle \boldsymbol{\theta}_{\lambda^{(k)}} \tag{7-3}$$

当残差 $\left\| \boldsymbol{r}_i^{(k)} \right\|_2 \leqslant \xi$ 时停止迭代。在第 k 次迭代中，$\boldsymbol{x}_i$ 的更新规则为

$$\boldsymbol{x}_i^{(k)}(\lambda^{(k)}, 1) = \langle \boldsymbol{r}_i^{(k-1)}, \boldsymbol{\theta}_{\lambda^{(k)}} \rangle \tag{7-4}$$

将算法总结如下。

算法 7-1 基于匹配追踪方法的稀疏时频分析

输入：$\boldsymbol{s}$.

输出：$\boldsymbol{x}_i$ $(i = 1,2,\cdots,N)$.

初始化：$\boldsymbol{x}_i^{(0)} = \boldsymbol{0}$, $\boldsymbol{r}_i^{(0)} = \boldsymbol{y}_i$, $\text{Max}(i = 1,2,\cdots,N)$.

1：利用式(5-5)加权子信号，获得 $\boldsymbol{y}_i(i = 1,2,\cdots,N)$；

2：For $i = 1:N$ do

3：For $k = 1:\text{Max}$ do

4：$\lambda^{(k)} = \arg \max\limits_{i=1,2,\cdots,N} \left| \langle \boldsymbol{r}_i^{(k-1)}, \boldsymbol{\theta}_i \rangle \right|$；

5: $\boldsymbol{r}_i^{(k)} = \boldsymbol{r}_i^{(k-1)} - \langle \boldsymbol{r}_i^{(k-1)}, \boldsymbol{\theta}_{\lambda^{(k)}} \rangle \boldsymbol{\theta}_{\lambda^{(k)}}$;

6: $If \left\| \boldsymbol{r}^{(j)} \right\|_2 \leqslant \xi$

7: Break;

8: End If

9: $\boldsymbol{x}_i^{(k)}(\lambda^{(k)}, 1) = \langle \boldsymbol{r}_i^{(k-1)}, \boldsymbol{\theta}_{\lambda^{(k)}} \rangle$;

10: End for

12: End for;

13: $\boldsymbol{x}_i^{(k)} = \text{fftshift}(\boldsymbol{x}_i^{(k)})(i = 1, 2, \cdots, N)$;

14: Return $\boldsymbol{x}_i^{(k)}(i = 1, 2, \cdots, N)$.

表 7-1 指出了本章提出方法与传统的 *MP* 算法之间最本质的差别，具体表现为采用的稀疏表示字典有所不同。传统的 *MP* 算法将一些预先定义的波形设置为稀疏表示字典，然后将信号在时域上进行稀疏表示，最后再使用 *WVD* 计算信号的时频分布。这样做至少有两个弊端：第一，预先定义的波形是否能够有效稀疏表示信号，在字典原子较少的情况下是无法保证的；第二，如果字典原子数量过大，直接导致运算量大幅提高。而本章提出方法则是以部分傅里叶变换矩阵直接作为局部时频反演的字典，从频域上直接对信号加以稀疏表示，从而避免了上面提到的两个弊端。

表 7-1　提出方法与传统 MP 算法的区别

方法	思想	基本公式	字典	备注
传统 MP 算法	现将信号分解，然后进行 WVD 计算	$s(t) = \sum_{k=1}^{n} a_k(t) + r_{n+1}(t)$ s. t. $\lambda^{(k)} = \arg \max_{i=1,2,\cdots,N} \lvert \langle \boldsymbol{r}^{(k-1)}, \boldsymbol{\theta}_i \rangle \rvert$, $\boldsymbol{r}^{(k)} = \boldsymbol{r}^{(k-1)} - \langle \boldsymbol{r}^{(k-1)}, \boldsymbol{\theta}_{\lambda^{(k)}} \rangle \boldsymbol{\theta}_{\lambda^{(k)}}$ $\text{TFD}_s(t,f) = \sum_{k=1}^{n} \text{WVD}_{a_k(t)}(t,f)$	由预先定义的波形组成	$r_n(t)$ 表示第 n 次迭代后残差；$a_i(t)$ 表示第 i 个分离成分
提出方法	直接建立稀疏频谱与信号的关系	$\min \left\| \boldsymbol{x}_i \right\|_0$, s. t. $\boldsymbol{y}_i = \boldsymbol{\Theta} \boldsymbol{x}_i \Big|_{\Theta = SF^{-1}}$. $\boldsymbol{y}_i = \boldsymbol{g} \boldsymbol{o} \boldsymbol{s}_i$	傅里叶变换字典	$\boldsymbol{y}_i$ 表示被高斯窗函数加权后的信号

7.2　实际资料处理及应用

7.2.1　单道地震信号测试

下列信号来自四川东部某含气油田，本节分别利用下列算法分别计算其时频分布，它们是 STFT、WVD、HHT、STFA-CP 以及本章算法。图 7-1 展示单道地震信号的各种时频分布对比图。图 7-1(a)显示该地震记录是一个频谱特性快速改变的信号，在 1 850～1 950 ms 时间区间内，信号频率值经历了先变低后变高的过程。如图 7-1(b)所示，STFT 得到的时频图分辨率很低。如图 7-1(c)所示，WVD 方法得到的时频图存在大量交叉项。观察图 7-1(d)可以看到，HHT 是基于经验模态分解方法的一种时频分布，存在部分虚假频率成分。图 7-1(e)展示了本书第 5 章提出的 STFA-CP 方法的处理结果。从图 7-1(f)可以看到，本章算法获得的时频分布具有更好的时频聚集性。

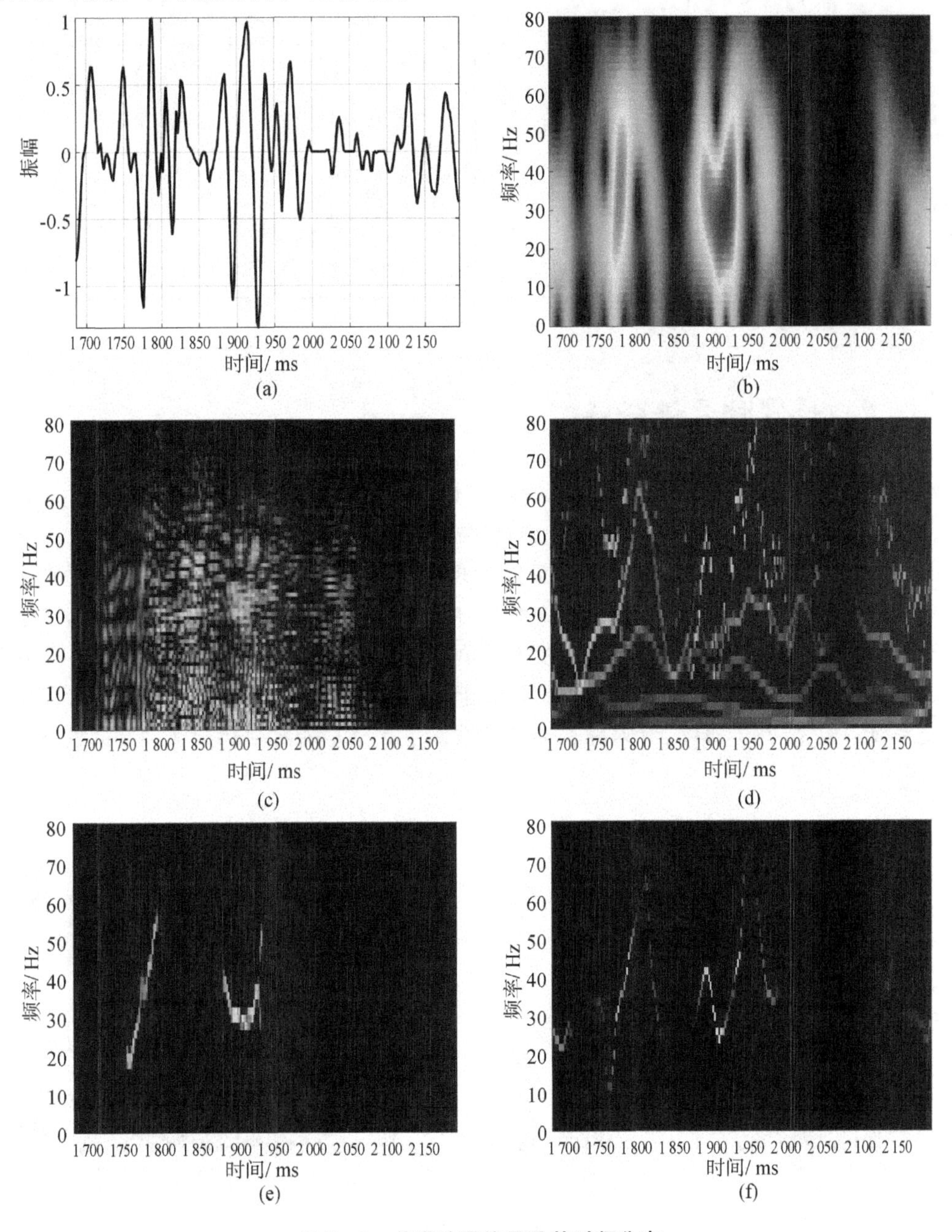

图 7-1　单道地震信号及其时频分布

(a)单道地震信号；(b)STFT 结果；(c)WVD 结果；(d)HHT 结果；
(e)本书第 5 章提出方法的(STFA-CP)结果；(f)本章提出方法结果

上述实验的评价指标详见表 7－2。从表 7－2 可以看到，本章提出的基于 MP 算法的稀疏时频分析方法（Sparse Time Frequency Analysis based MP，STFA-MP）获得最小的 Renyi 熵和最大的 CM，可见提出方法的时频聚集性在比对算法中是最好的。

表 7－2　各种时频分析方法性能对比表

方法	单道地震信号的时频图评价指标		
	Renyi	CM	时间/s
STFT	13.73	1.8E−3	**0.03**
WVD	13.84	2.0E−4	0.02
HHT	9.311	5.0E−3	0.03
STFA-CP	10.45	1.0E−2	5.44
STFA-MP	**6.28**	**2.5E−2**	0.11

注：加粗表示指标最优。

7.2.2　地震信号谱分解

本节采用的数据为第 4 章图 4－16 所示的数据。STFT 获得的单频属性切片如图 7－2 所示。可以看到，STFT 得到的频谱切片分辨率较低，无法准确定位油气位置。图 7－3 展示了由 HHT 方法获得的单频属性切片。可以发现，HHT 方法得到的频谱切片存在较多伪频点，并且在 HHT 获得的主频切片（30 Hz 切片）中，储层位置并没有明显的能量块，且横向连续性不佳。图 7－4 展示了由 SCD 方法获得的单频属性切片。对比图 7－2 和图 7－4，可以看到，SCD 方法得到的频率切片在分辨率上要高于 STFT 得到的切片，且去除了 WVD 中的大部分交叉项。但是，在 15 Hz 上（该频率非地震波的主频率），依然存在交叉项导致的伪频率能量块。

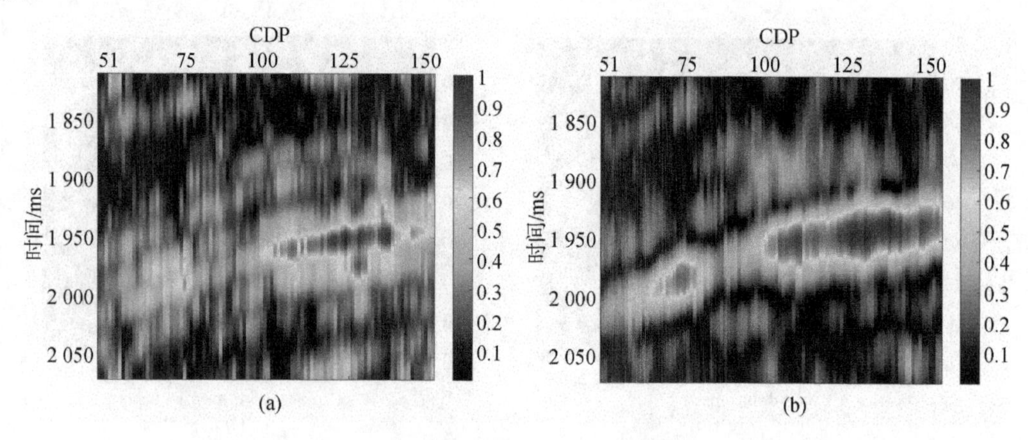

图 7－2　STFT 获得的二维地震单频属性剖面

(a)15 Hz 单频属性；(b)30 Hz 单频属性

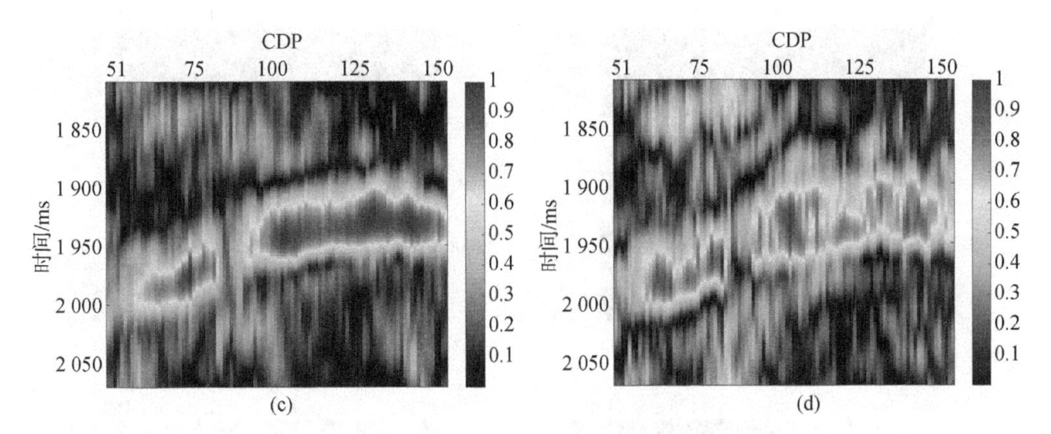

续图 7-2　STFT 获得的二维地震单频属性剖面

(c)45 Hz 单频属性；(d)55 Hz 单频属性

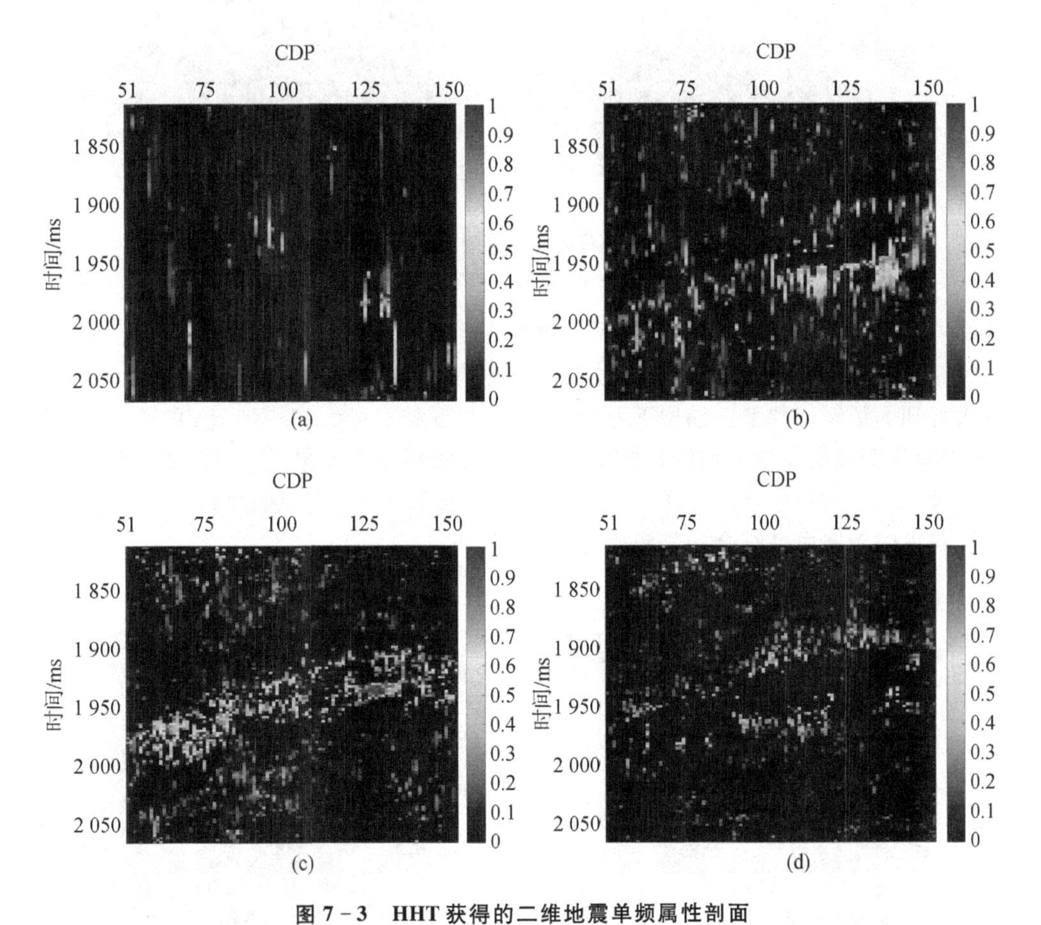

图 7-3　HHT 获得的二维地震单频属性剖面

(a)15 Hz 单频属性；(b)30 Hz 单频属性；(c)45 Hz 单频属性；(d)55 Hz 单频属性

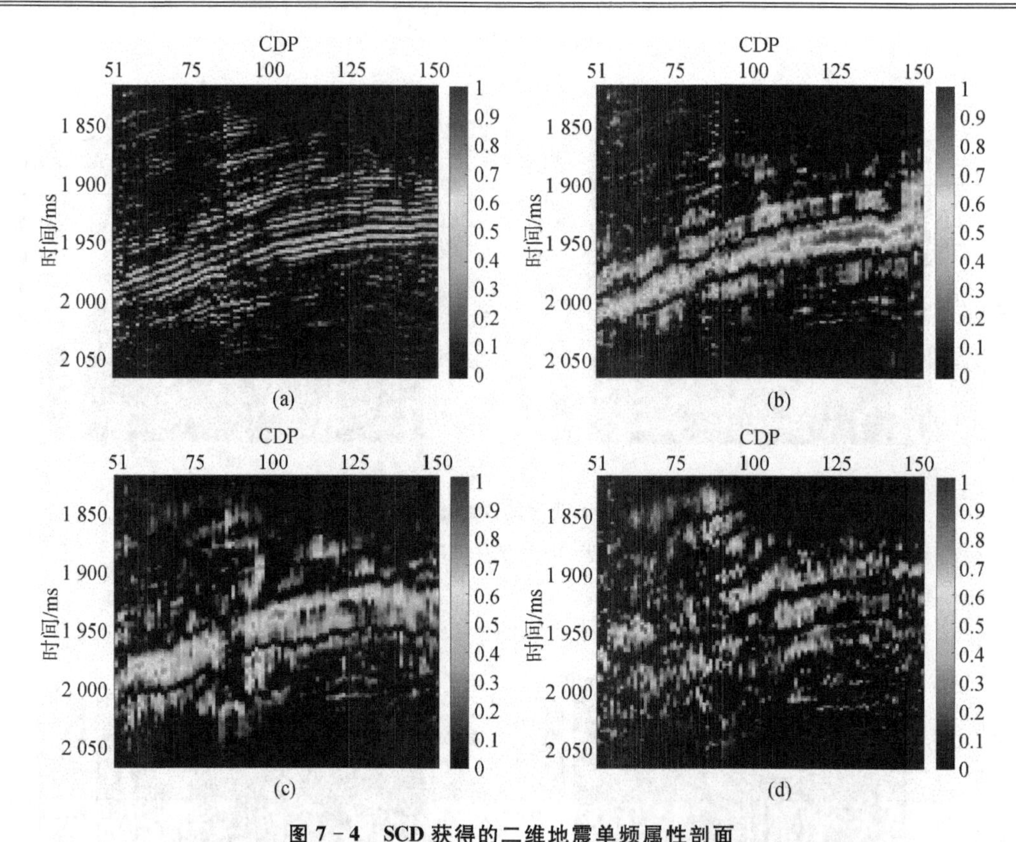

图 7-4 SCD 获得的二维地震单频属性剖面

(a)15 Hz 单频属性;(b)30 Hz 单频属性;(c)45 Hz 单频属性;(d)55 Hz 单频属性

图 7-5 展示了本章提出方法得到的单频切片。可以看到,基于 MP 算法的稀疏时频分析获得的时频切片具有非常高的分辨率,并且能准确指出天然气所在位置。值得注意的是,本章提出方法得到的低频切片上在储层下方约 20 ms(井下约 1 970～1 980 ms 的位置)出现了强响应,该响应高于储层位置的响应,这个现象与气层低频伴影现象[143-147]是非常吻合的,再观察 30 Hz 频率上的切片中,约 1 970～1 980 ms 处的能量块幅度出现明显减弱。可见稀疏时频分析方法获得的频率属性符合油气频谱特性。

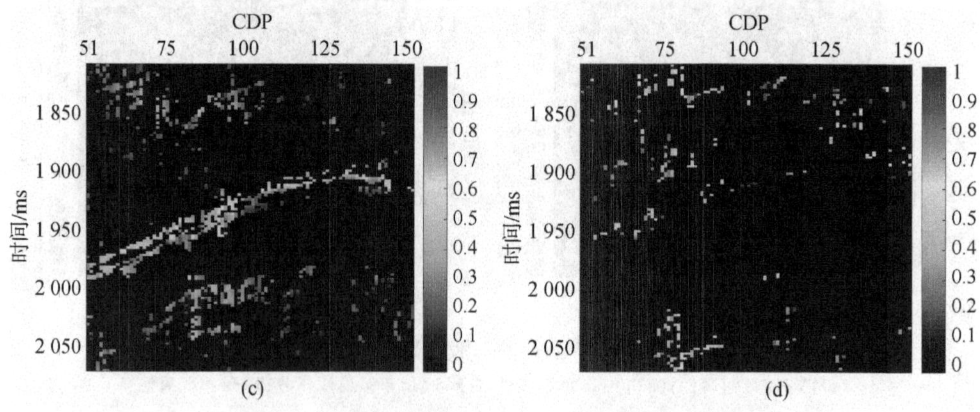

图 7-5 STFA-MP 获得的二维地震单频属性剖面

(a)15 Hz 单频属性;(b)30 Hz 单频属性

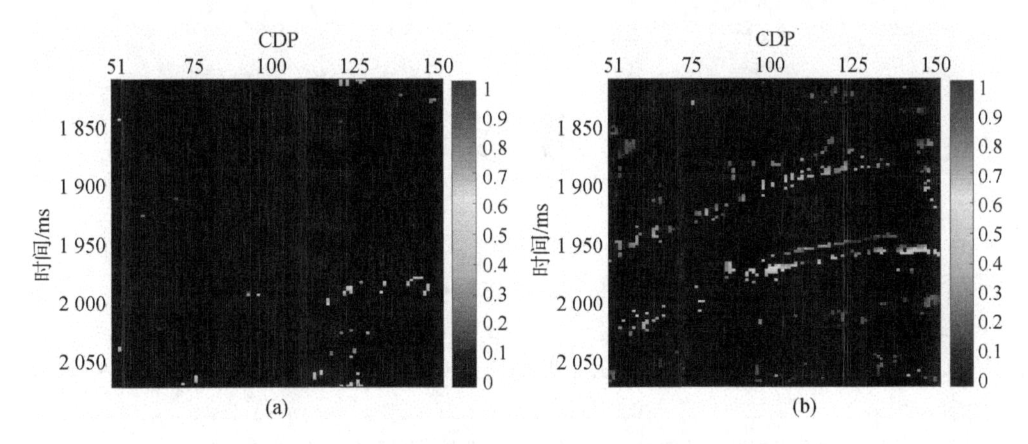

续图 7－5　STFA-MP 获得的二维地震单频属性剖面

(c)45 Hz 单频属性;(d)55 Hz 单频属性

7.3　本 章 小 结

本章在第 5 章提出模型的基础上,引入 MP 算法来求解反演的稀疏频谱,获得较快的收敛速度和较稀疏的重构频谱。从实验中可以看到,本章提出方法获得的时频谱相比于传统方法更加稀疏。本章通过理论时频模型和实际地震信号,将提出算法与各类时频分析方法进行对比,并从 Renyi 熵,时频聚集度以及运算时间等指标进行全面定量测试,并应用于地震信号处理,实验结果表明,本章提出的方法是一种具有高精度时频分辨率的时频分析方法,可以显著提高地震信号谱分解的时频分辨率。

参 考 文 献

[1] GASSMANN F. Elastic waves through a packing of spheres[J]. Geophysics，1951，16(4)：673-685.

[2] 陈红. 分数域时频分析方法及其在非平稳信号处理中的应用研究[D]. 成都：电子科技大学，2011.

[3] 奚先，姚姚. 二维随机介质及波动方程正演模拟[J]. 石油地球物理勘探，2001，36(5)：546-552.

[4] 李海山，杨午阳，雍学善. 二维时间域黏声波全波形反演[J]. 石油地球物理勘探，2018，53(1)：87-94.

[5] 彭真明，陈颖频，蒲恬，等. 基于稀疏表示及正则约束的图像去噪方法综述[J]. 数据采集与处理，2018，33(1)：1-11.

[6] 章毓晋. 图像工程技术选编[M]. 北京：清华大学出版社，2016，1-239.

[7] 何艳敏，甘涛，彭真明. 基于稀疏表示的图像去噪理论与应用[M]. 成都：电子科技大学出版社，2016.

[8] BOASHASH，B. KHAN N A，TAOUFIK B J. Time-frequency features for pattern recognition using high-resolution TFDs：a tutorial review [J]. Digital Signal Processing，2015，40(1)：1-30.

[9] MITRA S K，KUO Y. Digital signal processing ：a computer-based approach[M]. New York：McGraw Hill Higher Education，2006，25-325.

[10] DONOHO D L，DONOHO P L. A first course in wavelets with Fourier analysis[M]. New Jersey：John Wiley & Sons，2009，63-120.

[11] WANG Y Q，Peng Z M. The optimal fractional S transform of seismic signal based on the normalized second-order central moment[J]. Journal of Applied Geophysics，2016，129：8-16.

[12] GABOR D. Theory of communication. Part 1：The analysis of information[J]. Journal of the Institution of Electrical Engineers-Part Ⅲ：Radio and Communication Engineering，1946，93(26)：429-441.

[13] VILLE J. Theorie et application de la notion de signal analytic[J]. Cables et Transmissions，1948，2A(1)：61-74.

[14] COHEN L. Generalized phase-space distribution functions [J]. Journal of Mathematical Physics，1966，7(5)：781-786.

[15] 马琳丽. 非平稳信号的自适应时频分析研究[D]. 西安：西安电子科技大学，2012.

[16] DURAK L，ARIKAN O. Short-time Fourier transform：two fundamental properties and an optimal implementation[J]. IEEE Transactions on Signal Processing，2003，

51(5): 1231 - 1242.

[17] TANG Y Y, LIU J, Yang L, et al. Wavelet theory and its application to pattern recognition[M]. New Jersey: World Scientific, 2000, 1 - 200.

[18] STOCKWELL R G, MANSINHA L, LOWE R. Localization of the complex spectrum: the S transform[J]. IEEE Transactions on Signal Processing, 1996, 44 (4): 998 - 1001.

[19] MANN S, HAYKIN S. The chirplet transform: Physical considerations[J]. IEEE Transactions on Signal Processing, 1995, 43(11): 2745 - 2761.

[20] GROSSMANN A, MORLET J. Decomposition of Hardy functions into square integrable wavelets of constant shape[J]. SIAM Journal on Mathematical Analysis, 1984, 15(4): 723 - 736.

[21] Gao J, CHEN W, LI Y, et al. Generalized S transform and seismic response analysis of thin interbedss surrounding regions by Gps[J]. Chinese Journal of Geophysics, 2003, 46(4): 759 - 768.

[22] ADAMS M D, KOSSENTINI F, WARD R K. Generalized S transform[J]. IEEE Transactions on Signal Processing, 2002, 50(11): 2831 - 2842.

[23] DAUBECHIES I, LU J, WU H T. Synchrosqueezed wavelet transforms: An empirical mode decomposition-like tool[J]. Applied and computational harmonic analysis, 2011, 30(2): 243 - 261.

[24] 黄昱丞，郑晓东，栾奕，等. 地震信号线性与非线性时频分析方法对比[J]. 石油地球物理勘探，2018，53(5)：975 - 989.

[25] SEJDIĆ E, DJUROVIĆ I, JIANG J. Time-frequency feature representation using energy concentration: an overview of recent advances[J]. Digital Signal Processing, 2009, 19(1): 153 - 183.

[26] STANKOVIC L, DAKOVIC M, THAYAPARAN T. Time-frequency signal analysis with applications[M]. Boston: Artech house, 2014.

[27] BOASHASH B. Time-frequency signal analysis and processing: a comprehensive reference[M]. New York Manhadu: Academic Press, 2015, 53 - 156.

[28] JEONG J, WILLIAMS W J. Kernel design for reduced interference distributions[J]. IEEE Transactions on Signal Processing, 1992, 40(2): 402 - 412.

[29] STANKOVIC L. Auto-term representation by the reduced interference distributions: a procedure for kernel design[J]. IEEE Transactions on Signal Processing, 1996, 44 (6): 1557 - 1563.

[30] JONES D L, BARANIUK R G. An adaptive optimal-kernel time-frequency representation [J]. IEEE Transactions on Signal Processing, 1995, 43 (10): 2361 - 2371.

[31] BARANIUK R G, JONES D L. A signal-dependent time-frequency representation: optimal kernel design[J]. IEEE Transactions on Signal Processing, 1993, 41(4): 1589 - 1602.

[32] CHONG E K, ZAK S H. An introduction to optimization[M]. New Jersey: John Wiley & Sons, 2013, 55 - 155.

[33] AUGER F, FLANDRIN P, LIN Y T, et al. Time-frequency reassignment and synchrosqueezing: an overview[J]. IEEE Signal Processing Magazine, 2013, 30(6): 32 - 41.

[34] DAUBECHIES I, LU J, WU H T. Synchrosqueezed wavelet transforms: An empirical mode decomposition-like tool[J]. Applied & Computational Harmonic Analysis, 2011, 30(2): 243 - 261.

[35] CLASSEN T, MECKLENBRAUKER W. The aliasing problem in discrete-time Wigner distributions[J]. IEEE Transactions on Acoustics, Speech, and Signal Processing, 1983, 31(5): 1067 - 1072.

[36] HUANG N E, SHEN Z, LONG S R, et al. The empirical mode decomposition and the Hilbert spectrum for nonlinear and non-stationary time series analysis[J]. Proceedings of the Royal Society A Mathematical Physical & Engineering Sciences, 1998, 454(1971): 903 - 995.

[37] 邱天爽，郭莹. 信号处理与数据分析[M]. 北京：清华大学出版社，2015：200 - 400.

[38] 杨宇，程军圣. 机械故障信号的广义解调时频分析[M]. 长沙：湖南大学出版社，2012：1 - 100.

[39] YEH J R, SHIEH J S, HUANG N E. Complementary ensemble empirical mode decomposition: A novel noise enhanced data analysis method[J]. Advances in Adaptive Data Analysis, 2010, 2(2): 135 - 156.

[40] ALKISHRIWO O A, CHAPARRO L F, AKAN A. Intrinsic mode chirp decomposition of non-stationary signals[J]. IET Signal Processing, 2014, 8(3): 267 - 276.

[41] WANG Y. Seismic time - frequency spectral decomposition by matching pursuit[J]. Geophysics, 2007, 72(1): 13 - 20.

[42] MALLAT S G, ZHANG Z. Matching pursuits with time-frequency dictionaries[J]. IEEE Transactions on Signal Processing, 1993, 41(12): 3397 - 3415.

[43] BULTAN A. A four-parameter atomic decomposition of chirplets[J]. IEEE Transactions on Signal Processing, 1999, 47(3): 731 - 745.

[44] LU Y, KASAEIFARD A, ORUKLU E, et al. Fractional Fourier transform for ultrasonic chirplet signal decomposition[J]. Advances in Acoustics and Vibration, 2012, 2012: 1 - 13.

[45] STANKOVI ć L, OROVI ć I, STANKOVI S, et al. Compressive sensing based separation of nonstationary and stationary signals overlapping in time-frequency[J]. IEEE Transactions on Signal Processing, 2013, 61(18): 4562 - 4572.

[46] BECK A, TEBOULLE M. A fast iterative shrinkage-thresholding algorithm for linear inverse problems[J]. SIAM Journal on Imaging Sciences, 2009, 2(1): 183 - 202.

[47] BECK A, TEBOULLE M. A fast iterative shrinkage-thresholding algorithm with application to wavelet-based image deblurring[C]// IEEE International Conference on

Acoustics, Speech and Signal Processing, Taipei, 2009, 693 - 696.

[48] WANG Y, XIANG J, MO Q, et al. Compressed sparse time-frequency feature representation via compressive sensing and its applications in fault diagnosis[J]. Measurement, 2015, 68: 70 - 81.

[49] JOKANOVIC B, AMIN M. Reduced interference sparse time-frequency distributions for compressed observations[J]. IEEE Transactions on Signal Processing, 2015, 63 (24): 6698 - 6709.

[50] BARKAT B, BOASHASH B. A high-resolution quadratic time-frequency distribution for multicomponent signals analysis[J]. IEEE Transactions on Signal Processing, 2001, 49(10): 2232 - 2239.

[51] BOASHASH B, RISTIC B. Polynomial time-frequency distributions and time-varying higher order spectra: application to the analysis of multicomponent FM signals and to the treatment of multiplicative noise[J]. Signal Processing, 1998, 67(1): 1 - 23.

[52] BOASHASH B, O'SHEA P. Polynomial Wigner-Ville distributions and their relationship to time-varying higher order spectra[J]. IEEE Transactions on Signal Processing, 1994, 42(1): 216 - 220.

[53] GERR N L. Introducing a third-order Wigner distribution[J]. Proceedings of the IEEE, 1988, 76(3): 290 - 292.

[54] OROVIC I, ORLANDIC M, STANKOVIC S, et al. A virtual instrument for time-frequency analysis of signals with highly nonstationary instantaneous frequency[J]. IEEE Transactions on Instrumentation and Measurement, 2011, 60(3): 791 - 803.

[55] STANKOVIC L, STANKOVIC S. An analysis of instantaneous frequency representation using time-frequency distributions-generalized Wigner distribution[J]. IEEE Transactions on Signal Processing, 1995, 43(2): 549 - 552.

[56] STANKOVIC L. Time-frequency distributions with complex argument[J]. IEEE Transactions on Signal Processing, 2002, 50(3): 475 - 486.

[57] STANKOVIC S, STANKOVIC L. Introducing time-frequency distribution with a "complex-time" argument[J]. Electronics Letters, 1996, 32(14): 1265 - 1267.

[58] OROVIC I, STANKOVIC S. A class of highly concentrated time-frequency distributions based on the ambiguity domain representation and complex-lag moment [J]. EURASIP Journal on Advances in Signal Processing, 2009:1 - 9.

[59] EBROM D. The low-frequency gas shadow on seismic sections[J]. The Leading Edge, 2004, 23(8): 772 - 772.

[60] CHAKRABORTY A, OKAYA D. Frequency-time decomposition of seismic data using wavelet-based methods[J]. Geophysics, 1995, 60(6): 1906 - 1916.

[61] PARTYKA G, GRIDLEY J, LOPEZ J. Interpretational applications of spectral decomposition in reservoir characterization [J]. The Leading Edge, 1999, 18 (3): 353 - 360.

[62] STEEGHS P, DRIJKONINGEN G. Seismic sequence analysis and attribute

extraction using quadratic time-frequency representations[J]. Geophysics, 2001, 66(6): 1947 - 1959.

[63] WU X, LIU T. Spectral decomposition of seismic data with reassigned smoothed pseudo Wigner–Ville distribution[J]. Journal of Applied Geophysics, 2009, 68(3): 386 - 393.

[64] AUGER F, FLANDRIN P. Improving the readability of time-frequency and time-scale representations by the reassignment method[J]. IEEE Transactions on Signal Processing, 1995, 43(5): 1068 - 1089.

[65] FENG Z, LIANG M, CHU F. Recent advances in time - frequency analysis methods for machinery fault diagnosis: A review with application examples[J]. Mechanical Systems & Signal Processing, 2013, 38(1): 165 - 205.

[66] HAN J, MIRKO V D B. Empirical mode decomposition for seismic time-frequency analysis[J]. Geophysics, 2013, 78(2): 9 - 19.

[67] HERRERA R H, HAN J, VAN M DER BAAN. Applications of the synchrosqueezing transform in seismic time-frequency analysis[J]. Geophysics, 2014, 79(3): 55 - 64.

[68] 陈颖频. 地震信号分数域频谱成像理论及应用研究[D]. 成都：电子科技大学，2013.

[69] 刘振. 基于压缩感知的随机调制雷达信号处理方法与应用研究[D]. 长沙：国防科学技术大学，2013.

[70] 刘振，魏玺章，黎湘. 随机调制压缩感知雷达信号设计与处理[M]. 北京：科学出版社，2015，22 - 158.

[71] LIU Z, WEI X, LI X. Aliasing-free micro-Doppler analysis based on short-time compressed sensing[J]. IET Signal Processing, 2014, 8(2): 176 - 187.

[72] LIU Z, YOU P, WEI X, et al. High resolution time-frequency distribution based on short-time sparse representation[J]. Circuits, Systems, and Signal Processing, 2014, 33(12): 3949 - 3965.

[73] FLANDRIN P, BORGNAT P. Time-frequency energy distributions meet compressed sensing[J]. IEEE Transactions on Signal Processing, 2010, 58(6): 2974 - 2982.

[74] WANG X W, WANG H Z. Application of sparse time-frequency decomposition to seismic data[J]. Applied Geophysics, 2014, 11(4): 447 - 458.

[75] SATTARI H, GHOLAMI A, SIAHKOOHI H R. Seismic data analysis by adaptive sparse time-frequency decomposition[J]. Geophysics, 2013, 78(5): 207 - 217.

[76] PURYEAR C I, PORTNIAGUINE O N, COBOS C M, et al. Constrained least-squares spectral analysis: Application to seismic data[J]. Geophysics, 2012, 77(5): 143 - 167.

[77] LU W, LI F. Seismic spectral decomposition using deconvolutive short time Fourier transform spectrogram[J]. Geophysics, 2013, 78(2): 43 - 51.

[78] RUDIN L I, OSHER S, FATEMI E. Nonlinear total variation based noise removal algorithms[J]. Physica D: nonlinear phenomena, 1992, 60(1 - 1/2/3/4): 259 - 268.

[79] CHAMBOLLE A. An algorithm for total variation minimization and applications[J]. Journal of Mathematical Imaging and Vision, 2004, 20(1): 89 - 97.

[80] SAKURAI M, KIRIYAMA S, GOTO T, et al. Fast algorithm for total variation minimization[C]// IEEE International Conference on Image Processing, Brussels, 2011:1461 - 1464.

[81] BUADES A, COLL B, MOREL J Ml. A review of image denoising algorithms, with a new one[J]. Multiscale Modeling & Simulation, 2005, 4(2): 490 - 530.

[82] GOLDSTEIN T, OSHER S. The split Bregman method for L1-regularized problems [J]. SIAM journal on imaging sciences, 2009, 2(2): 323 - 343.

[83] BREDIES K, KUNISCH K, POCK T. Total generalized variation[J]. SIAM Journal on Imaging Sciences, 2010, 3(3): 492 - 526.

[84] LIU J, HUANG T Z, SELESNICK I W, et al. Image restoration using total variation with overlapping group sparsity[J]. Information Sciences, 2015, 295: 232 - 246.

[85] CHEN P Y, SELESNICK I W. Group-sparse signal denoising: non-convex regularization, convex optimization[J]. IEEE Transactions on Signal Processing, 2014, 62(13): 3464 - 3478.

[86] CHEN P Y, SELESNICK I W. Translation-invariant shrinkage/thresholding of group sparse signals[J]. Signal Processing, 2014, 94: 476 - 489.

[87] WANG Z, BOVIK A C, SHEIKH H R, et al. Image quality assessment: from error visibility to structural similarity[J]. IEEE Transactions on Image Processing, 2004, 13(4): 600 - 612.

[88] KONG D, PENG Z, FAN H, et al. Seismic random noise attenuation using directional total variation in the shearlet domain[J]. Journal of Seismic Exploration, 2016, 25(4): 321 - 338.

[89] KONG D, PENG Z. Seismic random noise attenuation using shearlet and total generalized variation [J]. Journal of Geophysics and Engineering, 2015, 12 (6): 1024 - 1035.

[90] LI S, PENG Z. Seismic acoustic impedance inversion with multi-parameter regularization[J]. Journal of Geophysics and Engineering, 2017, 14(3): 520 - 532.

[91] WANG X, PENG Z, KONG D, et al. Infrared dim target detection based on total variation regularization and principal component pursuit [J]. Image and Vision Computing, 2017, 63: 1 - 9.

[92] HUANG L L, XIAO L, WEI Z H. Efficient and effective total variation image super-resolution: a preconditioned operator splitting approach[J]. Mathematical Problems in Engineering, 2011, 2011(2011): 44 - 48.

[93] GUO W QIN J, YIN W. A new detail-preserving regularization scheme[J]. SIAM Journal on Imaging Sciences, 2014, 7(2): 1309 - 1334.

[94] LIU G, HUANG T Z, LIU J, et al. Total variation with overlapping group sparsity

for image deblurring under impulse noise[J]. PloS One, 2015, 10(4): e0122562.

[95] BOYD S. Distributed optimization and statistical learning via the alternating direction method of multipliers[J]. Foundations and Trends in Machine Learning, 2010, 3(1): 1-122.

[96] GABAY D, MERCIER B. A dual algorithm for the solution of nonlinear variational problems via finite element approximation[J]. Computers & Mathematics with Applications, 1976, 2(1): 17-40.

[97] WANG Y, YANG J, YIN W, et al. A new alternating minimization algorithm for total variation image reconstruction[J]. SIAM Journal on Imaging Sciences, 2008, 1(3): 248-272.

[98] YANG J, ZHANG Y, YIN W. An efficient TVL1 algorithm for deblurring multichannel images corrupted by impulsive noise[J]. SIAM Journal on Scientific Computing, 2009, 31(4): 2842-2865.

[99] YANG J, YIN W, ZHANG Y, et al. A fast algorithm for edge-preserving variational multichannel image restoration[J]. SIAM Journal on Imaging Sciences, 2009, 2(2): 569-592.

[100] SUN Y, BABU P, PALOMAR D P. Majorization-minimization algorithms in signal processing, communications, and machine learning[J]. IEEE Transactions on Signal Processing, 2016, 65(3): 794-816.

[101] GOLDSTEIN T, O'DONOGHUE B, SETZER S, et al. Fast alternating direction optimization methods[J]. SIAM Journal on Imaging Sciences, 2014, 7(3): 1588-1623.

[102] CHEN Y, PENG Z, CHENG Z, et al. Seismic signal time-frequency analysis based on multi-directional window using greedy strategy[J]. Journal of Applied Geophysics, 2017, 143: 116-128.

[103] SHENSA M J. The discrete wavelet transform: wedding the a trous and Mallat algorithms[J]. IEEE Transactions on Signal Processing, 1992, 40(10): 2464-2482.

[104] COHEN L. Time-frequency analysis[M]. New Jersey: Prentice - hall, 1995:1-300.

[105] JONES D L, BARINIUK R G. An adaptive optimal-kernel time-frequency representation[C]// IEEE International Conference on Acoustics, Speech, and Signal Processing, Minneapolis, 1993:109-112.

[106] ALMEIDA L B. The fractional Fourier transform and time-frequency representations[J]. IEEE Transactions on Signal Processing, 1994, 42(11): 3084-3091.

[107] MONTANA C A, MARGRAVE G F. Spatial prediction filtering in fractional Fourier domains[C]// 2004 SEG Annual Meeting, Denver, 2004: 12-13.

[108] ZHAI M Y. Seismic data denoising based on the fractional Fourier transformation[J]. Journal of Applied Geophysics, 2014, 109: 62-70.

[109] XU D P, GUO K. Fractional S transform—Part 1: Theory[J]. Applied

Geophysics, 2012, 9(1): 73 - 79.

[110] CHEN Y, PENG Z, HE Z, et al. The optimal fractional Gabor transform based on the adaptive window function and its application[J]. Applied Geophysics, 2013, 10 (3): 305 - 313.

[111] DURAK L, ARNKAN O. Generalized time-bandwidth product optimal short-time fourier transformation[C]// IEEE International Conference on Acoustics, Speech, and Signal Processing, Orlando, 2002:1465 - 1468.

[112] TIAN L, PENG Z. Determining the optimal order of fractional Gabor transform based on kurtosis maximization and its application [J]. Journal of Applied Geophysics, 2014, 108: 152 - 158.

[113] WANG Y, PENG Z. The optimal fractional S transform of seismic signal based on the normalized second-order central moment[J]. Journal of Applied Geophysics, 2016, 129: 8 - 16.

[114] Stanković S, OROVIć I, STANKOVIć L. Polynomial Fourier domain as a domain of signal sparsity[J]. Signal Processing, 2016, 130: 243 - 253.

[115] FLANDRIN P, PUSTELNIK N, BORGNAT P. On Wigner-based sparse time-frequency distributions [C]// IEEE International Workshop on Computational Advances in Multi-Sensor Adaptive Processing, Saint Martin, French, 2015:65 - 68.

[116] WHITELONIS N, LING H. Radar signature analysis using a joint time-frequency distribution based on compressed sensing[J]. IEEE Transactions on Antennas and Propagation, 2014, 62(2): 755 - 763.

[117] JOKANOVIC B, AMIN M G, ZHANG Y D, et al. Time-frequency kernel design for sparse joint-variable signal representations[C]// 2014 Proceedings of the 22nd European Signal Processing Conference, Lisbon, Portugal, 2014// 2100 - 2104.

[118] DJUROVIC I, STANKOVIC L, BOHME J F. Robust L-estimation based forms of signal transforms and time-frequency representations [J]. IEEE Transactions on Signal Processing, 2003, 51(7): 1753 - 1761.

[119] HOU Y, SUN J, GUO R, et al. Research of sparse signal time-frequency analysis based on compressed sensing [C]// IET International Radar Conference. Xian, 2013: 1 - 4.

[120] CHAMBOLLE A, POCK T. A first-order primal-dual algorithm for convex problems with applications to imaging [J]. Journal of Mathematical Imaging and Vision, 2011, 40(1): 120 - 145.

[121] BOASHASH B, KHAN N A, BEN-JABEUR T. Time - frequency features for pattern recognition using high-resolution TFDs: A tutorial review[J]. Digital Signal Processing, 2015, 40: 1 - 30.

[122] SEJDIć E, DJUROVIć I, JIANG J. Time - frequency feature representation using energy concentration: An overview of recent advances[J]. Digital Signal Processing,

2009, 19(1): 153 - 183.

[123] STANKOVIć L. A measure of some time - frequency distributions concentration [J]. Signal Processing, 2001, 81(3): 621 - 631.

[124] PETERSEN K B, PEDERSEN M S. The matrix cookbook[J]. Technical University of Denmark, 2008, 7(15): 1 - 25.

[125] GABOR D. Theory of communication. Part 1: The analysis of information[J]. Journal of the Institution of Electrical Engineers—Part Ⅲ: Radio and Communication Engineering, 1946, 93(26): 429 - 441.

[126] YANG Y, PENG Z K, ZHANG W M, et al. Frequency-varying group delay estimation using frequency domain polynomial chirplet transform[J]. Mechanical Systems and Signal Processing, 2014, 46(1): 146 - 162.

[127] DENG Y, CHENG C, YANG Y, et al. Parametric identification of nonlinear vibration systems via polynomial Chirplet transform[J]. Journal of Vibration and Acoustics, 2016, 138(5): 051014.

[128] YANG Y, PENG Z K, MENG G, et al. Spline-kernelled Chirplet transform for the analysis of signals with time - varying frequency and its application[J]. IEEE Transactions on Industrial Electronics, 2012, 59(3): 1612 - 1621.

[129] YANG Y, PENG Z, DONG X, et al. Nonlinear time-varying vibration system identification using parametric time - frequency transform with spline kernel[J]. Nonlinear Dynamics, 2016, 85(3): 1679 - 1694.

[130] CHOI H I, WILLIAMS W J. Improved time-frequency representation of multicomponent signals using exponential kernels[J]. IEEE Transactions on Acoustics, Speech, and Signal Processing, 1989, 37(6): 862 - 871.

[131] ANDRIA G, SAVINO M. Interpolated smoothed pseudo Wigner-Ville distribution for accurate spectrum analysis[J]. IEEE Transactions on Instrumentation and Measurement, 1996, 45(4): 818 - 823.

[132] STARCK J L, MURTAGH F, FADILI J M. Sparse image and signal processing: wavelets, curvelets, morphological diversity[M]. London: Cambridge University Press, 2010:22 - 300.

[133] DONOHO D L. Compressed sensing[J]. IEEE Transactions on Information Theory, 2006, 52(4): 1289 - 1306.

[134] MALLAT S G. A wavelet tour of signal processing-the sparse way[M]. New York Manhadu: Academic Press, 2008:30 - 200.

[135] HAN L, HAN L, LI Z. Inverse spectral decomposition with the SPGL1 algorithm [J]. Journal of Geophysics and Engineering, 2012, 9(4): 423.

[136] GHOLAMI A. Sparse time - frequency decomposition and some applications[J]. IEEE Transactions on Geoscience and Remote Sensing, 2013, 51(6): 3598 - 3604.

[137] HU J, HE X, LI W, et al. Parameter estimation of maneuvering targets in OTHR based on sparse time-frequency representation[J]. Journal of Systems Engineering

and Electronics, 2016, 27(3): 574 - 580.

[138] WANG Y, PENG Z, HE Y. Time-frequency representation for seismic data using sparse S transform[M]. 2016 2nd IEEE International Conference on Computer and Communications, Chengdu, China, 2016: 1923 - 1926.

[139] ZHANG H, WANG L, YAN B, et al. Constrained total generalized p-variation minimization for few-view x-ray computed tomography image reconstruction[J]. PloS One, 2016, 11(2): e0149899.

[140] CHARTRAND R. Shrinkage mappings and their induced penalty functions[C]// 2014 IEEE International Conference on Acoustics, Speech and Signal Processing, Florence, Italy, 2014, 1026 - 1029.

[141] MOHIMANI G, BABAIE-ZADEH M, JUTTEN C. Fast sparse representation based on smoothed ℓ 0 norm[C]// Independent Component Analysis and Signal Separation, London, 2007:389 - 396.

[142] GHOLAMI A. Sparse time-frequency decomposition and some applications[J]. IEEE Transactions on Geoscience & Remote Sensing, 2013, 51(6): 3598 - 3604.

[143] HE Z, XIONG X, BIAN L. Numerical simulation of seismic low-frequency shadows and its application[J]. Applied Geophysics, 2008, 5(4): 301 - 306.

[144] CHEN X H, HE Z H, ZHU S X, et al. Seismic low-frequency-based calculation of reservoir fluid mobility and its applications[J]. Applied Geophysics, 2012, 9(3): 326 - 332.

[145] 王雨青. 地震信号分数域属性分析及储层流体识别关键技术研究[D]. 成都：电子科技大学，2018.

[146] 张晓燕. 基于分数阶 Wigner-Ville 分布的非平稳信号时频分析理论及应用研究[D]. 成都：电子科技大学，2014.

[147] 田琳 地震信号分数域频谱成像基础理论及若干问题研究[D]. 成都：电子科技大学，2016.